博碩文化

U0086636

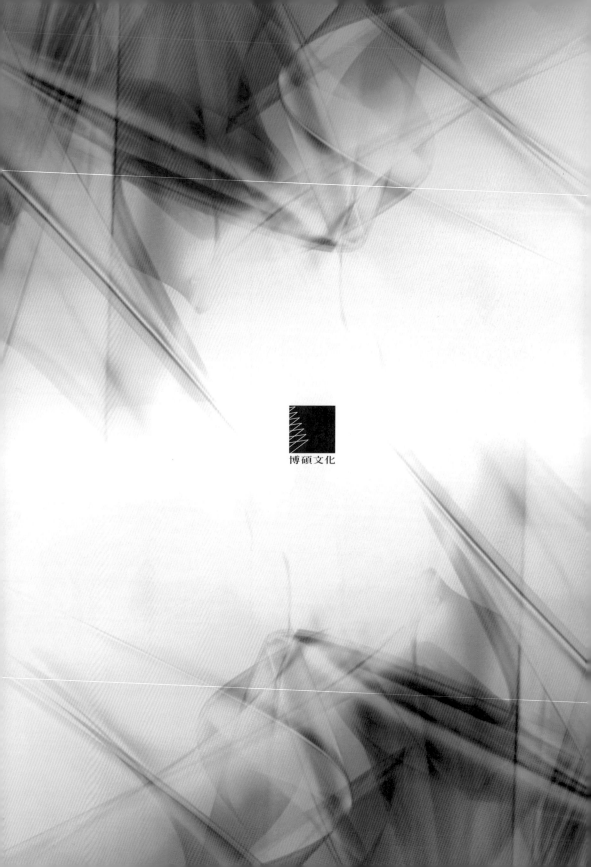

Ruby on Rails
自習手冊
邁向鐵道工人之路

簡煒航 ● 著

鐵道工招募條件：

☑ 熟悉指令介面操作
☑ 具程式設計知識：Ruby、Rake
☑ 具網頁前端知識：HTML、CSS、JavaScript
☑ 具資料庫知識：RMDBS、SQL

若符合以上應徵條件，
恭喜您歡迎進入簡單、易用又好學的 Rails 世界。

5x{♦}.tw 五倍紅寶石股份有限公司

作　　者：簡煒航
編　　輯：簡　輅
行銷企劃：黃譯儀

發 行 人：詹亢戎
董 事 長：蔡金崑
顧　　問：鍾英明
總 經 理：古成泉

出　　版：博碩文化股份有限公司
地　　址：221 新北市汐止區新台五路一段 112 號 10 樓 A 棟
　　　　　電話 (02) 2696-2869　傳真 (02) 2696-2867

郵撥帳號：17484299　戶名：博碩文化股份有限公司
博碩網站：http://www.drmaster.com.tw
讀者服務信箱：DrService@drmaster.com.tw
讀者服務專線：(02) 2696-2869 分機 216、238
（週一至週五 09:30 ～ 12:00；13:30 ～ 17:00）

版　　次：2015 年 2 月初版一刷
　　　　　2016 年 2 月初版二刷
建議零售價：新台幣 300 元
博碩書號：MP21504
I S B N：978-986-201-972-6（平裝）
律師顧問：永衡法律事務所 吳佳憓 律師

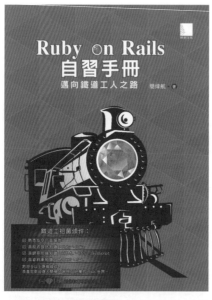

本書如有破損或裝訂錯誤，請寄回本公司更換

國家圖書館出版品預行編目資料

Ruby on Rails自習手冊 / 簡煒航著. -- 初版. --
新北市：博碩文化, 2015.02
　面；　公分
ISBN 978-986-201-994-8(平裝)

1.全球資訊網 2.電腦程式 3.資料庫設計

312.1695　　　　　　　　　　104001185

Printed in Taiwan

歡迎團體訂購，另有優惠，請洽服務專線
博 碩 粉 絲 團　(02) 2696-2869 分機 216、238

這四年來，筆者從 Movimpact 微電影平台（已停止運作）、腦袋有動工作室（brainana.com）一路到五倍紅寶石股份有限公司（5xruby.tw）的創辦，有趣的是這些單位的名字湊巧都是筆者命名的，偶爾筆者也懷疑到底是隊友寬宏大量，抑或筆者說不定是個命名的天才？

五倍紅寶石是由幾位台灣 Ruby 社群的朋友共同成立的一家公司，希望透過教育訓練、企業培訓等講座，將 Ruby 推廣到校園、企業、開發者。提供的服務包括：程式教育訓練、企業技術培訓與諮詢、活動場地租借與專案委託製作。

筆者自五倍紅寶石開業以來主力於 Ruby on Rails 的教材編寫、課程設計，並且在校園、公司企業中開設培訓課程。同樣的主題（Ruby on Rails），也因不同的教授對象而特別設計教材，範圍從高中剛畢業的大一新鮮人，到企業中的工程師。本書也是在這樣的環境下撰寫而成。

余憶童稚時

記得筆者在大三時為了吃飯，本來可有很多選擇的，諸如餐廳打工、國高中家教或是系上助教。但因為人在新竹，沒車等於斷腿，斷腿又要常常出校門跑餐廳、兼家教其實頗折磨。何況幸福城市夜路不佳，弄個不好說不定本來沒斷的腿，後來就斷了。

從桌面到網站

那時做了第一個關鍵決定就是考慮用本行來賺，於是開始試著使用 Java 在 PTT 上面找東西來做，小到代寫作業程式、遊戲外掛，大至桌面工具程式。只是這年頭外包的東西還是以網站、手機應用居多，桌面應用寥寥無幾，有鑒於筆者拿的是傳統手機，所以把矛頭指到網站開發上，一切看似正確，卻因為 Java 寫網站的開發速度還是太慢，也就這般作罷了。

從 Java 到 PHP

後來有幸透過學長介紹而得到一份 PHP 的案子，這也是筆者與 PHP 的第一次邂逅。那時不可思議的花了一週的時間去學，再花一週的時間看 Wordpress 原始碼就上場了，且勉強地在不被學校當掉的情況下寫了一個月，最後終於成功的違約（果然沒有什麼東西是可以速成的）。

於是第一次邂逅變成了最後一次。

從 Java 到 Ruby

至於筆者最後為什麼選擇了 Ruby？其實那時寫了 Java 快 4 年的時間，曾經陷入其可跨平台、有豐富函示庫與應用的迷湯之中，認為自己可以用 Java 超越任何事物，然後看到一本書就叫「超越 Java：探討程式語言的未來」。

如果你對這本書有印象，他的書名掛名 Java，實則偷塞 Ruby，筆者就這樣上當了。序的開頭長這樣：

Java 已經存在超過十年了，這段時間，它的成就非凡，它徹底改變我們寫軟體的作法和想法。但是 Java 已顯老態，該是時候了，我們得想想未來接班人是誰。- Bruce Tate

而筆者就這樣的，從被這樣的序給吸引住，到最後合上書頁後的第一個念頭：「不妨給 Ruby 一個嘗試吧？」（這本書很不錯的，作者 Bruce 寫過「輕快的好 Java」）

Ruby 好快，也好快樂

還記得那時筆者從 C 跳到了 Java，從此有了更多喝茶的時間，這幾年開始寫 Ruby，筆者已經有時間種茶葉了。

邪神有云：「天下武功，無堅不破，唯快不破」。但論效能之快大概也沒語言快過 C 與組語了，可是 Ruby 之快不在此面，而在其彈性與簡潔，適合用於 meta programming 和 DSL。動態編程有效的縮短了開發的時間。如果要給 Ruby 一個評價，筆者認為 Ruby 就是個什麼都能做的魔法程式語言。希望這本書也能帶給你相同的感受。

最後，筆者人也很 nice（自以為），如果你對書中有什麼疑問，或者希望與筆者交流，不妨透過各種社交網站抑或來信交個朋友，代號是 tonytonyjan。筆者也在 GitHub 上打滾，也許未來我們也可以有機會一起做一些有趣的專案 =)

簡煒航 tonytonyjan@gmail.com
2014 年 2 月

目錄 CONTENTS

CHAPTER 08　附錄

前言

Ruby on Rails

　　本書的撰寫對象為略懂網站前端開發與關聯式資料庫的人，主要專注在 Rails 的框架介紹與使用，採 Ruby 2.2 與 Rails 4.2 版。這不是一本教授 Ruby 的書，如果你對 Ruby 不熟，不建議直接從本書看起。你如果常聽人說 Rails 簡單、易用又好學，但那其實是建立在使用者已具備許多背景知識的前提下才成立的，這意謂 Rails 不是新手的玩具。想直接跳過 Ruby 直接學 Rails 其實是很可惜的一件事。並不是說非要這些背景知識不可，而是當在沒有背景知識的加持之下，硬去挑戰像 Rails 這樣複雜的架構，學途可能會非常吃力。而在你閱讀本書以前，建議先確認自己已經具備或略懂以下知識：

- ❖ 指令介面操作
- ❖ 程式設計知識：Ruby
- ❖ 網頁前端知識：HTML、CSS、JavaScript
- ❖ 資料庫知識：RDBMS、SQL

　　如果不確定自己是否適合閱讀這本書，筆者準備了以下若干問題提供參考，如果都能正確對答，表示已經準備好可以開始學習 Rails。本書雖也提供部分背景知識的介紹，但僅限於簡介。若你發現本書讀來吃力，則先從較基礎的書開始著手，加強知識薄弱的部分：

1-1 對網頁的了解

Q1：http://localhost:3000 這段網址所代表的涵義為何？

Q2：以下有一段 HTML，解釋 method 屬性的用途。

```html
<form action="http://www.google.com/search" method="get">
  <input name="q" type="text">
  <input type="submit">
</form>
```

Q3：以下 HTML 會使瀏覽器送出幾次請求？

```html
<!DOCTYPE html>
<html>
<head>
  <title>Title</title>
  <link rel="stylesheet" href="/css/main.css">
  <script src="/js/mian.js"></script>
</head>
<body>
  <img src="/img/logo.png">
</body>
</html>
```

1-2 對 SQL 的了解

Q4：用SQL從以下兩張資料表（posts與users）找出Tony的所有文章。

posts 資料表

id	title	user_id
1	Lorem 1	2
2	Lorem 2	3
3	Lorem 3	3
4	Lorem 4	1

users 資料表

id	name
1	John
2	Mary
3	Tony
4	Jason

1-3 對 Ruby 的了解

Q5：以下 Ruby 程式碼，三者間的差異？

```
{"name" => "Weihang", "age" => 24}
{:name  => "Weihang", :age  => 24}
{name:     "Weihang", age:     24}
```

Q6：以下三個 Ruby 方法的呼叫，各別被傳入的多少個參數？

```
before_action :set_post
get :about, :contacts, :faq, :sitemap, controller: :pages
resources :posts, only: [:index, :create, :update]
```

☪ **以上的答案分別為：**

A1 協定://主機名稱:閘道

A2 method 屬性用以決定該表單送出的請求是使用什麼 HTTP 動詞

A3 4 次：HTML、JS、CSS、圖片

A4 SELECT * FROM posts WHERE user_id = '3';

A5 後兩者相同且比第一個的寫法效能要好

A6 1、5、2

CHAPTER 02

行前準備

Ruby on Rails

2-1 IDE

你 可 以 選 擇 RadRails（www.aptana.com/products/radrails） 或 RubyMine（www.jetbrains.com/ruby），他們都是著名且成熟的專案。如果你個人偏好使用 IDE，可以試試看它們。IDE 善於執行重構程式碼相關的工作。

2-2 編輯器

比起 IDE，也有其他輕量級的選擇：

❖ **TextMate（macromates.com）**

OS X 專有的著名編輯器，他的許多功能（例如 snippets）影響了後來出現的 Sublime Text。

❖ **Sublime Text （www.sublimetext.com）**

另一個別於 TextMate 的選擇，有別於 TextMate，身為跨平台的編輯器，Sublime Text 可在各種作業系統中使用，以易於上手卻又兼具生產力聞名，並承襲了各種 TextMate 的優點，在此推薦新手使用。

❖ **Vim（www.vim.org）**

一個古老而強大的編輯器，並與 Emacs 並列為世界兩大編輯器（「編輯器之神」與「神的編輯器」，參閱 Wiki：編輯器之戰[1]），但由於他是指令模式的編輯器，對新手來說會有門檻。此外是 Vim 是免費的，Sublime Text 則需要付費。

註**1** http://zh.wikipedia.org/zh-tw/編輯器之戰。

2-3 終端機

　　如果你使用的是 Unix-like 作業系統，可跳過此部分。但如果你用的是 Windows 或 OS X，那麼預設的終端機也許無法提供良好的開發體驗，在 OS X 上筆者推薦使用 iTerm2（iterm2.com）取代內建的終端機，而在 Windows 上建議安裝由 Rails Installer 提供的預設終端機環境，或者直接使用虛擬機安裝 Unix-like 系統進行開發，如 VMWare 或 Virtual Box。

2-4 瀏覽器

　　Chrome、Firefox、Safari、IE 等常見的瀏覽器中，都有提供內建的開發者工具，通常在網頁的右鍵選單中找到「檢視元素」就可以開啟。而除了有除錯工具，也提供了許多便於開發與測試的環境，例如模擬手機瀏覽、JavaScript 中斷點、程式碼優化與分析、所見即所得 CSS 修改等。開發網頁時，瀏覽器工具非常值得學習使用。

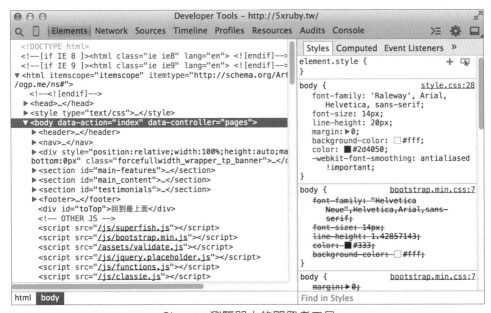

Chrome 瀏覽器中的開發者工具

2-5 安裝 Ruby、Rails

雖然「Ruby on Rails」都是放在一起說，但是安裝時並不會聽到有人說「安裝 Ruby on Rails」，他們是兩樣東西，應該是先「安裝 Ruby」再「安裝 Rails」，因為 Rails 是 Ruby 的一個 Gem[2]。

2-5-1　Mac 或 UNIX-like

❖ **rbenv（rbenv.org）**

rbenv 可以讓你的系統同時擁有多個版本的 Ruby，但它的功能並不包括安裝 Ruby，你可以自行編譯原始碼，或是透過另外一個叫做 ruby-build（github. com/sstephenson/ruby-build）的工具來幫助你安裝各種版本的 Ruby（也包含 JRuby、mruby、Rubinum 等）。

如果你使用 Mac，透過 Homebrew 安裝會變得非常容易：

```
$ brew install rbenv ruby-build
$ rbrnv install --list # 列出可安裝項目
$ rbenv install 2.1.3
```

❖ **RVM（rvm.io）**

RVM（Ruby Version Manager）與 rbenv 類似，不同的是它同時內建了安裝的功能，雖沒有 rbenv 那樣純粹[3]，但優點是安裝、使用容易，他具有比 rbenv 更豐富的功能。

安裝時請輸入以下指令，並確保網路通順：

```
$ curl -sSL https://get.rvm.io | bash -s stable
```

註2 Gem 是 Ruby 的套件管理系統，官方網站是：https://rubygems.org
當初 Ryan Leavengood 在 2001 年設計了最早期的版本，但那時沒有被太多人關注，直到 2003 的年底的 Ruby 議程，Rich Kilmer、Chad Fowler、David Black、Paul Brannan 與 Jim Weirich 等眾神齊聚，設計了今日廣為人知的 RubyGems，同時取代了 Ryan 的版本。

註3 rbenv 遵循 Unix 哲學：「只做一件事，並且做好」（Do one thing and do it well.）。

❖ **自行編譯**

當然你也可自行下載原始碼編譯，下載解壓縮後，只需要按照以下的步驟就可以安裝：

```
$ ./configure
$ make
$ sudo make install
```

Ruby 會被預設安裝在 /usr/local，如果想要更換路徑，請在 ./configure 裡加上 --prefix=DIR。

但筆者仍建議使用版本控制工具來進行開發，因為自行編譯的 Ruby 版本沒有工具可以管理。如果你使用的是 Debian 系列的作業系統（例如 Ubuntu），在編譯之前最好先安裝好相依套件：

```
$ sudo apt-get update
$ sudo apt-get install -y\
autoconf bison build-essential\
libssl-dev libyaml-dev libreadline6-dev\
zlib1g-dev libncurses5-dev libffi-dev\
libgdbm3 libgdbm-dev libsqlite3-dev\
nodejs
```

安裝好 Ruby 後在終端機輸入 ruby -v，如果可以看得到版本號就表示成功安裝了，此外安裝後第一件事情先更新 gem 系統是好習慣：

```
$ gem update --system
```

最後安裝 Rails：

```
$ gem install rails
```

☾ rbenv 與 RVM 哪個好？

他們兩者都是為了解決特定的問題，運用了不同方法而產生的不同工具。兩者的使用者群都很多且都是成熟的作品，雖然 RVM 因為複寫了 cd 和 gem 指令，常因此被認為是不安全的，但筆者懷疑是否真有這麼多人遭遇過因指令而發生的問題。應該慶幸在 Ruby 版本控制工具中，我們有選擇的餘地。如果你想要簡潔的解決方案，使用 rbenv，如果你想要更多功能，用 RVM 也不錯。

☾ 產品部屬環境（production）適合安裝 rbenv 或 RVM 一類的 Ruby 版本控制工具嗎？

不建議這麼做，版本控制主要為了讓我們在 staging 環境或本地開發時，可以方便切換版本以利進行各種測試，在部屬環境上使用並不是一個好習慣，除非你真的清楚自己在做什麼。

2-5-2　Windows

Ruby 在 Windows 上並不穩定，其中一項主因在於 Gem 有分純 Ruby 的實作與 C 擴展。C 擴展在安裝期間會多一步編譯的步驟，只是有些 C 擴展的 gem 在 Windows 下無法成功編譯，無論是因用到了非 C 標準的寫法（例如：alloca），抑或關聯到其他函式庫（例如 MySQL）。有的可以透過自行下載相依函式庫原始碼解決，有些可以透過自行加上編譯參數解決，有些則無法解決。

所以筆者並不是這麼建議在 Windows 上面開發 Ruby，當然微軟有提供像 Visual Studio 這樣成熟的整合開發環境，但是在開發 Unix-like 的應用時，Windows 對開發者並不是友善的。

　　然而如果只是自行練習開發而非用於產品上線，Windows 也可以是個不錯的練功環境。在此推薦以下兩個安裝點：

1. **Rails Installer（railsinstaller.org）**

   會一次安裝執行 Rails 所需的環境，包括 Ruby 1.9、Rails 3、Bundler、Git、SQLite、TinyTDS、SQL 伺服器、DevKit（編譯工具）等，建議要練習開發 Rails 的讀者可以直接安裝，雖然版本舊了點，但比起 Ruby Installer，這會幫你省下很多時間。專案主要貢獻者是 RVM 的作者，Wayne E. Seguin。

2. **Ruby Installer（rubyinstaller.org）**

   Windows 中的另外一種選擇，是只安裝 Ruby，通常版本會比 Rails Installer 的 Ruby 要新一點（但無論哪一個 Installer，通常都會比 Unix-like 上可安裝的版本要舊。）

CHAPTER 03

啟程

Ruby on Rails

Ruby on Rails（通常簡稱 Rails 或是 RoR），是一套由於 Ruby 寫成的網站框架，剛入門的人常會誤會 Ruby 就是 Rails，或認為 Ruby on Rails 整個是一套軟體。但並非如此，Ruby 與 Rails 是兩樣東西，且它們除了定位截然不同，作者不同（國籍差很多），且同時也為了不同的目的而被創造。Ruby 是程式語言，Rails 則是由 Ruby 撰寫的網站開發框架：

Ruby 不是 Rails

	Ruby	**Rails**
分類	程式語言	架站框架
撰寫	C 語言	Ruby
作者	松本行弘	David Heinemeier Hansson

Rails 以易用性與彈性聞名，它讓你可以用比其他框架更少的程式碼打造網站，並在框架的設計中大量融入了兩個著名的程式設計哲學：

❖ **不要重複你自己（Don't Repeat Yourself）**

DRY 是在軟體開發中常見的設計原則，旨在軟體開發中，減少重複的訊息與程式碼。一個成功實行 DRY 的專案，內部每一個元件的功能都是獨立且明確的，也就是在修改其中一個元件時，並不需要同時修改其他與邏輯無關的元件。這可以幫助你的專案更易於維護與擴展，人說樹大必有枯枝，程式多就易孳生臭蟲，可以少就不要多。

❖ **慣例優先於設定（Convention Over Configuration）**

CoC 的概念就是用一些簡單的常規與慣例（convention）來取代繁瑣的設定（configuration），白話解釋是「養好習慣，省下麻煩」。這在許多近來流行的框架中被廣泛地應用到，目的在於簡化開發的流程與減輕開發者的痛苦，避開瑣碎的設定。Rails 認為應該用最佳解去解決每個問題，所以將現今許多約定成俗的良好解決方案設定為初始預設值，讓我們可以免去許多調整設定的時間。

3-1 上網大學問

Rails 既是一個「網站」框架，不妨先從網站的運作開始說起。

3-1-1 瀏覽器 = 排版引擎 + 下載器

如果你曾經在一個網頁右鍵開啟過「頁面原始碼」，那麼應該對於 HTML（HyperText Markup Language）文件不致於太陌生（最起碼你看過）。那並不是什麼程式碼，HTML 是一種標記語言，原始碼顧名思義就是該網頁的真面目。所以從此可以得知網頁只是一個文字檔，當然你可以將原始碼存成一個檔案放在自己的電腦，並用瀏覽器再打開，顯現的內容將是大同小異。而透過此舉又可以得知，瀏覽器其實是一個排版引擎，可以將標記語言轉成應有的視覺呈現方式。

將標記語言轉成應有的視覺呈現方式？這概念挺像論壇上會用到的 BBCode 或是 FB 的表情符號，它們和 HTML 類似，都可算是一種標記語言。例如你知道在 FB 輸入 <3 會出現愛心圖案，那是 FB 在收到你輸入的符號時，經過它們的樣板引擎最後輸出愛心的圖案。HTML 也是一樣的，當你在原始碼寫上 <h1> 哈囉 </h1> 時，用瀏覽器打開你並不會看到 <h1>，因為瀏覽器認得這個符號，並且它知道這個意思是要將「哈囉」兩個字放大成標題的大小。

生活中的標記語言

不妨做個實驗，打開編輯器將以下內容存成 index.html，並用瀏覽器開啟就可看出差異。

```html
<html>
<head>
  <title>哈蘿世界</title>
</head>
<body>
  <h1>哈蘿世界</h1>
  <p>哈蘿世界</p>
  <img src="loli.png">
</body>
</html>
```

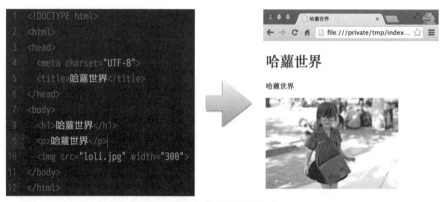

超文本標記語言

瀏覽器如果只會排版本機上的檔案其實還不能拿來上網，它的另外一個功能是「下載器」。我們現在所熟知的上網行為，是基於 HTTP（Hypertext Transfer Protocol，又譯作「超文字傳輸協定」）。這種傳輸協定採用了問答式的設計模式（Request-response Pattern），顧名思義，一問一答，在這種設計模式下自然衍生兩個角色：發問者與應答者。若套用到 HTTP 上，就是「瀏覽器」與「伺服器」。

3-1-2 HTTP 的請求與回應

問答過程如圖所示,瀏覽器用一段網址去問伺服器,伺服器收到網址後再決定要回答什麼樣的內容給瀏覽器。瀏覽器將伺服器送出的 HTML 文件下載完畢後,隨即排版呈現給上網的人,並結束這一回合,等待下次的發送請求。

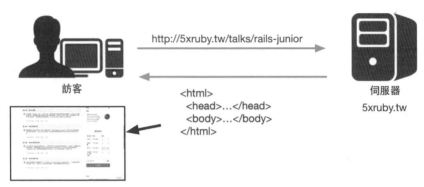

HTTP 採問答式的設計,以路徑向主機索取 HTML 文件

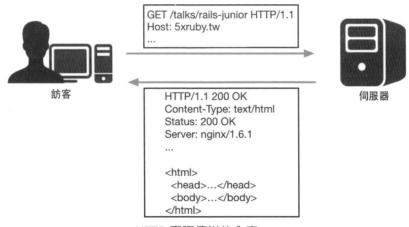

HTTP 實際傳送的內容

只是瀏覽器發送的 HTTP 請求也是有分種類的,這點你可以透過瀏覽器的開發者工具觀察。試著開啟後再載入一個網頁,可以看到瀏覽器針對這個頁面的載入,到底對伺服器送出了多少次請求,以及每次請求相對的回答。

　　其中的「Method」欄位就是送出請求時的方法，此例為「GET」。HTTP 總共定義了 8 種不同的請求方法，分別為 OPTIONS、HEAD、GET、POST、PUT、DELETE、TRACE、CONNECT。其中以 GET（用於顯示）、POST（用於送出資料）、PUT（用於更新資料）、DELETE（用於刪除資料）最為常見。

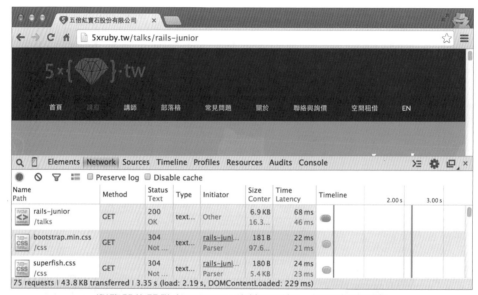

瀏覽器的開發者工具可以清楚看到每一個請求與回應

　　上網包含很多動作，當然我們大多的時間花在「瀏覽」，但有時候我們需要一些與網站的互動，例如註冊、填寫問卷、留言等。雖然肉眼看不到瀏覽器為我們送了什麼請求，但在不同的狀況下，瀏覽器幫我們送出的請求方法是不一樣的：當瀏覽網頁時，瀏覽器發送的請求方法都是 GET（所以這也是被使用最頻繁的方法），而填寫表單送出時（例如註冊或問卷），請求方法則為 POST。以此類推，當你更新個人的資料，會用到 PUT 方法，刪除曾經貼出去的留言，則會用到 DELETE 方法。

你可以想像每個網址都是一個獨立的地址，請求方法則是你到這個地方後想做的事。例如你到老朋友家，可以選擇跟他聚餐，也可以選擇跟他下棋。雖然地點都一樣，卻因為你想做的事情不同，導致後續觸發的事件發展不同。

HTTP 上網也是類似道理，例如瀏覽器訪問了 5xruby.tw 伺服器的 /talks/rails-junior 路徑並且用了 GET 方法，這個路徑代表了一個講座的資訊頁面，伺服器收到有人請求 GET /talks/rails-junior，便會提供該講座的 HTML 頁面給瀏覽器。但如果請求方法改為 PUT 或是 DELETE，伺服器就會對此講座資料進行更新或是刪除。要注意網址雖是一樣的，卻會因為請求方法不同，伺服器做的事情也不同。

網址一樣，請求方法不同，功能也不同

請求方法	請求路徑	功能
GET	/talks/rails-junior	瀏覽該講座
PUT	/talks/rails-junior	更新該講座
DELETE	/talks/rails-junior	刪除該講座

總結伺服器與瀏覽器的工作，可以簡化成下表：

瀏覽器的工作	伺服器的工作
1. 決定方法與路徑	1. 接收新的請求
2. 發送請求	2. 判斷方法與路徑
3. 等伺服器回應	3. 決定怎麼回應

3-2 第一個 Rails 專案

有別於 IDE，Rails 使用的是指令式的操作。無論是開新專案、產生程式碼、遷移資料庫、抑或啟動伺服器皆然。工欲善其事，必先利其器，開發 Rails 專案之前，請先備好三器：編輯器、瀏覽器與終端機。

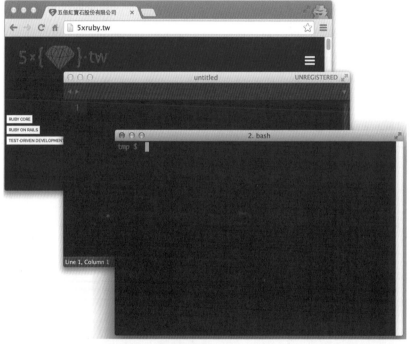

鐵道工三器

準備好之後，讓我們先打造第一個 Rails 網站，命名叫 hello，先在終端機中輸入：

```
$ rails new hello
$ cd hello
$ rails server
```

打開瀏覽器，在網址列輸入 http://localhost:3000：

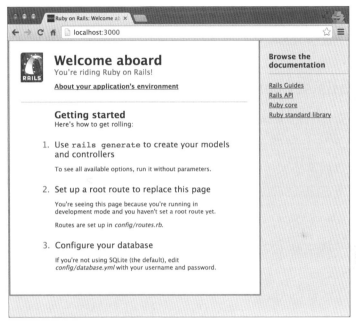

Rails 預設的首頁

這時終端機出現的訊息：

```
hello $ rails s
=> Booting WEBrick
=> Rails 4.1.6 application starting in development on http://0.0.0.0:3000
=> Run `rails server -h` for more startup options
=> Notice: server is listening on all interfaces (0.0.0.0). Consider using 127.0.0.1 (--binding option)
=> Ctrl-C to shutdown server
[2014-10-03 15:25:57] INFO  WEBrick 1.3.1
[2014-10-03 15:25:57] INFO  ruby 2.1.3 (2014-09-19) [x86_64-darwin13.0]
[2014-10-03 15:25:57] INFO  WEBrick::HTTPServer#start: pid=8242 port=3000

Started GET "/" for 127.0.0.1 at 2014-10-03 15:25:59 +0800
Processing by Rails::WelcomeController#index as HTML
  Rendered /Users/tonytonyjan/.rbenv/versions/2.1.3/lib/ruby/gems/2.1.0/gems/railties-4.1.6/lib/rails/t
emplates/rails/welcome/index.html.erb (2.1ms)
Completed 200 OK in 18ms (Views: 8.9ms | ActiveRecord: 0.0ms)
```

Rails 預設 HTTP 伺服器使用 WEBrick

短短數行之間，第一個 Rails 網站已經建構完畢，可是到目前為止我們都做了些什麼？

3-2-1　rails new APP_PATH [options]

rails new hello 會在你指定的目錄下新增一個資料夾，產生 Rails 初始化所需要的檔案，接著會自動執行 bundle install 以安裝執行 Rails 所需要的 gem。

3-2-2　rails server

可以簡寫為 rails s，這個指令會在本機上啟動一個 HTTP 伺服器，預設是使用 WEBrick[4]。由於開發 Rails 時這支程序常要保持運作，我們不會無故中斷伺服器，所以通常需要再另開一個終端機供下指令用途，而原本的終端機則用於紀錄伺服器資訊（Server Log）。

我們不久前才訪問過一次網站的首頁，這個請求會被記錄下來，下面這段訊息表示有一個來自 127.0.0.1 的訪客，在 2014-10-03 16:46:26 +0800 的時候使用 GET 方法訪問了 / 路徑

```
Started GET "/" for 127.0.0.1 at 2014-10-03 16:46:26 +0800
```

其實伺服器紀錄會保留許多有用的資訊，後續我們會有更多詳細的介紹。

3-2-3　localhost 與 127.0.0.1

每一台連上網路的電腦都會有屬於他的 IP 位址，而 IP 就跟住家地址一樣獨立且唯一。不妨自己實驗一下，試著在瀏覽器網址列上輸入 74.125.23.101，可以連到 Google 的首頁。其實在沒有網域名稱的時代，並沒有 google.com 這樣好記的網址，上網的人都要背 IP 才行。但自從網域的使用普及之後，漸漸人們會用簡單好記的網址來取代直些輸入這些 IP。

註4 WEBrick 是一個用 Ruby 撰寫的輕量級 HTTP 伺服器，主要由日本 Ruby 協會會長高橋征義與後藤裕二兩人開發。

然而卻有一個特殊的 IP 位址 127.0.0.1 與眾不同，這個位址所代表的意義是「本機」，這個位址對於每個人來說都是指「自己的機器」。也就是當你在開發 Rails 專案時，如果將 http://127.0.0.1:3000 或是 http://localhost:3000 之類的網址傳給你的朋友，他們實際上是看不到你的作品的。

而 localhost 之於 127.0.0.1 的關係，就如同 google.com 之於 74.125.23.101。localhost 是本機的網域，當然，比 127.0.0.1 要好記一些。

3-2-4　閘道（Port）

想像一下今天要訪問 5xruby.tw 官方網站，那是一台 24 小時開著的主機，上面執行著無數支程序，而其中只有一支是 HTTP 伺服器的程序。這時候我們透過瀏覽器訪問 5xruby.tw 時所傳送的 HTTP 請求交給這台主機，它要怎麼樣知道要將這些請求資料送給哪一支程式處理？

這就像有人寄了一封信到你家裡，可是上面沒有寫收件人一樣，你不知道應該把信交給住在這裡的哪一位。如果將寄件人比喻為「上網的訪客」，住址是「5xruby.tw」，信件內容是「HTTP 請求」，那麼收件人就是「閘道」了。

閘道的表達方式是在主機名稱[5]之後加上數字，例如 google.com:80，表示 Google 主機的 80 號閘道。主機預設閘道共有 65536 個，其中，1023 以下的閘道用於常見的服務（例如 HTTP、FTP、SMTP 等），而 80 正是 HTTP 服務的預設閘道。所以對於瀏覽器來說，http://www.google.com:80 與 http://www.google.com 沒有不同，沒有特別指定閘道的話，瀏覽器會自動使用 80。Rails 專案在開發時預設使用 3000 閘道，如果只輸入 http://localhost 會因為瀏覽器預設使用 80 閘道而連到 http://localhost:80。

註**5** 網址可以粗略被拆成兩個部分：主機名稱（hostname）與路徑（path），我們這裡以 5xruby.tw/talks/rails 為例，主機名稱為 5xruby.tw，路徑為 /talks/rails。

Rails 伺服器可以指定連線時使用的閘道，如果你希望連到的網址是 http://localhost:4000，可以加上 -p 參數：

```
$ rails s -p 4000
```

3-3　MVC（Model、View、Controller）

對於 HTTP 這種一問一答的設計，其背後的實作方法很多，可以簡單到如寫一個應聲蟲程式一般，複雜一點則是套用設計模式。而 Rails 在處理這個問題的解決方案則是套用了 MVC 設計模式。MVC 其名是由 Model（模型）、View（外觀）、Controller（控制器）單字的字首而來，是在 1978 年由 Trygve Reenskaug 教授為了簡化圖形化軟體的設計而發明的架構，這讓開發者可輕易依照自身專長分工合作，它們分別代表的意義如下表所示：

Model	模型	負責處理資料邏輯（如演算法、金流、商業邏輯等）
View	外觀	負責圖形介面的設計
Controller	控制器	負責資料的傳遞、轉發請求、對請求進行處理

不過當初的 MVC 是為了桌面圖形化軟體設計的，並無法完全套用在網站設計上。例如當資料庫的內容有所改變的時候，以 HTTP 的架構來看，無法從模型同步更新到外觀上。你可能常會聽到別人說 Rails 的設計應該是 Model 2 而不是 MVC，事實上 Model 2 設計模式確實是借鏡了 MVC 的架構，並且為了符合 HTTP 做了一些調整。廣義上來看，說 Rails 是 MVC 也是沒錯的。

3-4 檔案結構

如果你有注意到 rails new hello 執行後的結果，會看到 Rails 替我們產生了不少檔案與目錄，其中大部分的開發會在 app 資料夾下。下表是對其他檔案的簡略的介紹：

檔案或資料夾	説明
app	網站的主要內容，在開發過程中最常訪問的資料夾，MVC 的設計也在這個資料夾內
lib	存放用於擴展你的網站的程式碼，或者是可獨立於網站外的模組化程式碼
vendor	存放第三方的程式碼
config	Rails 的設定檔，包括資料庫、網址路由（routing）等等，而第三方 Gem 的設定檔也會在此
config.ru	Rack 的設定檔
Gemfile、Gemfile.lock	Rails 是站在巨人的肩膀上打造的，這個檔案定義了這個 Rails 專案中所有會用到的 gem，以及 gem 之間的相依關係
README.rdoc	你的網站的說明書，涵蓋了網站的介紹、使用方式、開發者文件等內容
Rakefile	這個檔案載入了 Rails 內建的 Rake 任務。你可以透過 rake -D 看到所有的任務與說明。但如果你想新增自己的任務，應該放在 lib/tasks 裡面，通常我們不會碰這個檔案
bin	包含網站需要的指令，例如 rails、spring、rake 等
db	存放資料庫 schema 與遷移檔（migration file）
log	網站的紀錄檔

註**6** vendor為別人的程式碼，如果這份程式碼不是由你維護，就放在 vendor 目錄下。

註**7** routing原指在網路封包在 IP 層中，從來源地址傳到目的地只的活動，負責這項工作的機器謂之「路由器」（router），類似郵差將對的訊息送給對的地址。而在 Rails 的網址路由則是借鏡同樣的概念，將對的請求送給對的 controller 處理。

註**8** Rack是Ruby 函式庫中最知名的網頁伺服器介面，包裝了 HTTP 的請求與回應，並提供了易用的 API 介面。

檔案或資料夾	説明
public	存放靜態檔案，例如 404 頁面、favicon、robots.txt 與壓縮過的 JS 與 CSS 檔
test	網站的各種單元測試
tmp	暫存檔，例如 pid、session、cache 等

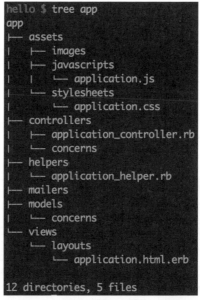

在 app 資料夾內可以看到 MVC 設計模式下的 3 個資料：models、views 與 controllers。

3-5 網址路由（URL Routing）與控制器（Controller）

我們來替網站加上「首頁」與「關於」的頁面，首先在 views 下新增 app/views/home.html 與 app/views/about.html，而這些單頁的頁面將交由一個叫做 pages 的控制器來處理。所以在 controllers 下新增 pages_controller.rb，之後在 config/routes.rb 設定網址路由，最後在瀏覽器輸入 http://localhost:3000/home。所有的更動如下所示：

```
<!-- app/views/pages/home.html -->
<h1>歡迎來到首頁</h1>
<!-- app/views/pages/about.html -->
<h1>關於本站</h1>
# app/controllers/pages_controller.rb
class PagesController < ApplicationController
  def home
    render 'pages/home'
  end

  def about
    render 'pages/about'
  end
end
# config/routes.rb
Rails.application.routes.draw do
  get 'home', to: 'pages#home'
  get 'about', to: 'pages#about'
end
```

http://localhost:3000/home

你可以看到 Rails 並不像寫 PHP 一樣，新增一個檔案就能馬上看到結果。這裡除了動到 HTML 檔之外，還額外新增了 controller，並且設定網址路由。在 MVC 的框架中，整個 HTTP 問答過程在 Rails 內部運作的順序如圖所示。

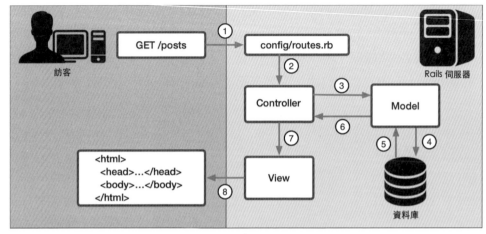

Rails MVC 在 HTTP 伺服器的運作

此例還沒有提及資料庫，可先省略 model 的部分。所以當我們在瀏覽器上輸入 http://localhost:3000/home 送出後，正確的流程會是：

1. 瀏覽器以 GET 方法對 localhost:3000 送出請求，路徑是 /home。

2. 伺服器收到了新的請求後，首先會查看 routes.rb 是否有定義 GET /home 這個路徑，並將此請求交給相對的 controller 處理。

3. 依照 config/routes.rb 產生的路由表，得知 GET /home 請求應該交給 pages controller 中的 home 方法處理。

4. 執行 PagesController 中的 home 方法。

5. PagesController#home 裡面的 render 'pages/home' 表示要渲染的頁面位在 app/views/pages/home.html。

這時候 server log 也可以看出一些端倪：

```
Started GET "/home" for 127.0.0.1 at 2014-10-06 16:23:36 +0800
Processing by PagesController#home as HTML
  Rendered pages/home.html within layouts/application (0.0ms)
Completed 200 OK in 20ms (Views: 20.3ms | ActiveRecord: 0.0ms)
```

第一行表示有個來自 127.0.0.1 的人用 GET 方法訪問了 /home 路徑，第二行表示這個請求被 PagesController 的 home 方法處理。接著是渲染 pages/home.html 頁面，最後一行則是告知本次作業從收到請求到回應一共花了多少時間。

3-5-1 rake routes

Rails 會在收到請求後查表（routes.rb）決定應該執行哪個 Controller 下的方法（在 Rails 用語中，也稱之 action）。以此為例，收到 GET /home 請求，並執行 pages#home。這張網址路由表被定義在 config/routes.rb 檔案，你可以隨時透過 rake routes 指令來查看你的全站路由表，這就像是網站地圖一樣，它會依照你在 config/routes.rb 寫下的內容去產生路由。

```
$ rake routes
Prefix Verb  URI Pattern        Controller#Action
  home GET   /home(.:format)    pages#home
 about GET   /about(.:format)   pages#about
```

Prefix	用於提示 URL Helper 的方法名稱
Verb	收到的請求方法
URI Pattern	收到的請求路徑，(.:format) ，可以用於判別請求格式，例如 /home.json 或 /home.xml 等
Controller#Action	井字號左邊是 controller 名稱，右邊是該 controller 的方法名稱

這個指令在開發過程中時常需要用到，筆者在接手新專案第一件事情也是習慣先輸入 rake routes 查看這個網站所有的網址。這張表代表了這個網站所有合法的路徑，相當於一個網站的大門。

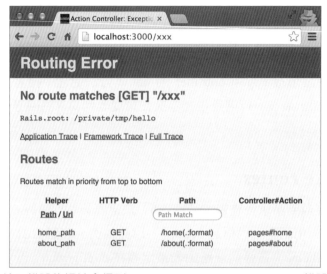

輸入錯誤的網址會得到 ActionController::RoutingError 錯誤

如果你不喜歡使用 /about 這樣的網址，而想要換成 /about/me，那麼 config/routes.rb 可以這樣改寫：

```
# config/routes.rb
Rails.application.routes.draw do
  get 'home', to: 'pages#home'
  get 'about/me', to: 'pages#about'
end
```

這時候再執行一次 rake routes：

```
$ rake routes
Prefix Verb    URI Pattern          Controller#Action
    home GET   /home(.:format)      pages#home
about_me GET   /about/me(.:format) pages#about
```

這時原本使用的 /about 路徑被我們改成了 /about/me，所以透過瀏覽器訪問 http://localhost:3000/about/me 時可以看到「關於本站」的頁面，同時 http://localhost:3000/about 則會得到 ActionController::RoutingError 錯誤。

config/routes.rb 的寫法很直覺，除了 get 也有其他設定方法：post、put、delete 等。而如果要設定首頁，可以加上 get '/', to: 'pages#home'，但 Rails 有提供另一種更簡潔的寫法：

```ruby
Rails.application.routes.draw do
  root 'pages#home'              # 首頁
  # get '/', to: 'pages#home' # 也可以這麼寫
  get 'home', to: 'pages#home'
  get 'about/me', to: 'pages#about'
end
```

此時路由表會多出一行：

```
$ rake routes
Prefix Verb    URI Pattern         Controller#Action
   root GET    /                   pages#home
   home GET    /home(.:format)     pages#home
about_me GET   /about/me(.:format) pages#about
```

這時不妨再試著造訪 http://localhost:3000，原本的內建首頁已經被我們的 app/views/pages/home.html 取代。

3-5-2 render

目前整個網站已知有 3 個合法的路徑，每個不同的路徑根據路由表會被指派到相對應的 controller 與 action。舉例來說，如果伺服器收到了 GET /home 請求，則該請求將會被 pages controller 的 home 方法處理。請參考以下程式碼註解說明：

```
class PagesController < ApplicationController
  # 當收到 GET /home 或 GET / 會執行
  def home
    render 'pages/home'
  end

  # 當收到 GET /about/me 時會執行
  def about
    render 'pages/about'
  end
end
```

render（又稱「渲染」），是 controller 中一個重要的方法。他決定了在一次訪問中，最後應該產生什麼樣的內容給訪客。例如 render 'pages/home 意思是告訴 controller 最後要渲染的內容位於 app/views/pages/home.html。render 使用時可以省略副檔名，所以不需要寫成 render 'pages/home.html'。

不妨動手做個實驗，新增 app/views/hello/world.html 並將程式碼改為：

```
<!-- app/views/hello/world.html -->
<h1>哈蘿世界</h1>
# app/controllers/pages_controller.rb
class PagesController < ApplicationController
  def home
    render 'hello/world' # <- 更新
  end

  def about
    render 'pages/about'
  end
end
```

訪問 http://localhost:3000

此時訪問 http://localhost:3000/ 或 http://localhost:3000/home 的畫面將會是你剛才新增的內容。這時候再觀察一次 server log 也可以看到原本的 Rendered pages/about.html 已變成了 Rendered hello/world.html：

```
Started GET "/" for 127.0.0.1 at 2014-10-09 03:56:57 +0800
Processing by PagesController#home as HTML
  Rendered hello/world.html within layouts/application (0.0ms)
Completed 200 OK in 50ms (Views: 49.1ms | ActiveRecord: 0.0ms)
```

3-5-3 慣例優於設定

將 app/controllers/pages_controller.rb 省略一些內容，拿掉 pages 的部分：

```
# app/controllers/pages_controller.rb
class PagesController < ApplicationController
  def home
    # render 'pages/home'
    render 'home'
  end

  def about
    # render 'pages/about'
    render 'about'
  end
end
```

訪問 http://localhost:3000/about/me，畫面上成功的呈現出「關於本站」的頁面，這次我們再更徹底的將整個 render 指令拿掉：

```
# app/controllers/pages_controller.rb
class PagesController < ApplicationController
  def home
    # 省略設定
  end

  def about
    # 省略設定
  end
end
```

再訪問一次 http://localhost:3000/about/me，畫面上仍然可以成功地顯示「關於本站」的頁面，而 server log 也出現了 Rendered pages/about.html。

```
Started GET "/about/me" for 127.0.0.1 at 2014-10-09 04:00:41 +0800
Processing by PagesController#about as HTML
  Rendered pages/about.html within layouts/application (0.1ms)
Completed 200 OK in 20ms (Views: 19.5ms | ActiveRecord: 0.0ms)
```

你現在正體驗 Rails 的「慣例優於設定」哲學之一，好的習慣會讓你省下很多麻煩。雖然 controller 其中一項工作是正確的渲染檔案。但在這個例子裡面，當我們省略了「設定渲染檔案」的程式碼時，Rails 會依據 controller 與 action 的名稱去猜測你在 app/views 下的目錄。例如在 pages#home[9] 中省略了設定，那麼渲染的檔案路徑就是 app/views/pages/home。依此類推，pages#about 就會去渲染頁面 app/views/pages/about.html。但如果只有寫到 render 'about'，因 controller 的名稱為 pages，Rails 仍然會去渲染 app/views/pages/about.html。

註 **9** 表示 pages controller 的 home action。

　　當然，我們可以再省略更多的程式碼，網站仍然可以運作。因為 Rails 所參考的線索不是 controller 檔，而是網站路由表中的 controller#action 的內容（不妨再執行一次 rake routes 觀察）。

```
# app/controllers/pages_controller.rb
class PagesController < ApplicationController
  # 網站仍可運作
end
```

3-5-4　rails generate controller NAME [action ...]

　　上述我們為了新增 2 個頁面，總共新增了 app/views/pages/about.html、app/views/pages/home.html、app/controllers/pages_controller.rb 這三個檔案，並且修改了 config/routes.rb。但這 4 個步驟可以透過執行以下指令一次完成：rails generate controller pages home about。

　　在開始之前，先將剛剛的檔案刪除：

```
$ rm -rf app/views/pages app/controllers/pages_controller.rb
```

　　接著透過指令產生需要的頁面：

```
$ rails generate controller pages home about
    create    app/controllers/pages_controller.rb
     route    get 'pages/about'
     route    get 'pages/home'
    invoke    erb
    create      app/views/pages
    create      app/views/pages/home.html.erb
    create      app/views/pages/about.html.erb
    invoke    test_unit
    create      test/controllers/pages_controller_test.rb
    invoke    helper
    create      app/helpers/pages_helper.rb
    invoke      test_unit
    create        test/helpers/pages_helper_test.rb
    invoke    assets
    invoke      coffee
    create        app/assets/javascripts/pages.js.coffee
```

```
invoke    scss
create         app/assets/stylesheets/pages.css.scss
```

　　rails generate 幫我們產生了很多檔案，其中你可以看到 app/controllers/pages_controller.rb、app/views/pages/home.html.erb 與 app/views/pages/about.html.erb 都隨之產生，就連 config/routes.rb 也設定好了。而網站的合法網址路徑也變成了 http://localhost:3000/pages/home 與 http://localhost:3000/pages/about。

```
Rails.application.routes.draw do
  get 'pages/home'
  get 'pages/about'
end
$ rake routes
Prefix Verb        URI Pattern             Controller#Action
 pages_home GET    /pages/home(.:format)   pages#home
pages_about GET    /pages/about(.:format)  pages#about
```

使用 rails generate 產生的預設頁面

　　原本的 to: 'pages#home'，因為當路徑是以 xxx/yyy 的形式設定時，根據「慣例優於設定」的哲學，如果你沒有指定這個網址應該指派給哪個 controller 與 action 負責。那麼 Rails 就將會以前者做為 controller，後者為 action。所以產生的 config/routes.rb 其寫法和以下的寫法是相等的：

```
Rails.application.routes.draw do
  get 'pages/home', to: 'pages#home'
  get 'pages/about', to: 'pages#about'
  # 雖然一樣可以運作，但同樣的東西重複寫了兩次
end
```

3-6 靜態檔案

雖然 Rails 的頁面是由網址路由表來決定負責的 controller，並且再讓該 controller 決定 view 中要被渲染的檔案，但其實 Rails 也有存放靜態檔案的地方，它們位於 public/ 下：

```
hello $ tree public/
public/
├── 404.html
├── 422.html
├── 500.html
├── favicon.ico
└── robots.txt

0 directories, 5 files
```

public/ 資料夾對應的是網址的根目錄，例如有檔案位在 public/robots.txt，那麼透過 http://localhost:3000/robots.txt 開啟時：

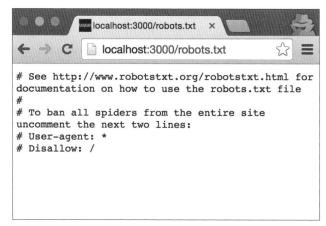

http://localhost:3000/robots.txt

再新增一個靜態的 HTML 檔案：

```html
<!-- public/static.html -->
<!DOCTYPE html>
<html>
<head>
  <meta charset="UTF-8">
  <title>這是靜態網頁</title>
</head>
<body>
  <h1>這是靜態網頁</h1>
</body>
</html>
```

http://localhost:3000/static.html

由於這些檔案是不經過 Rails MVC 框架直接供瀏覽器下載，構造單純之餘，回應請求的速度也會比較快，適合放一些像是 JS、CSS、圖片與字型之類不需要經過 Rails 渲染的檔案。在舊版本的 Rails 中，這類資源檔都還被放在此處 [10]。

Rails 在解析請求的路徑時是以 public/ 為優先，如果找不到檔案再去查找路由表。

註 [10] Rails 3.1 以前還沒有引進 assets pipeline 技術，所有的 JS 與 CSS 檔都放在 public/ 資料夾下。

3-7 指令彙整

指令	説明
rails new NAME	產生新專案
rails server	啟動伺服器
rails generate controller NAME [action ...]	產生 controller、view、routes
rake routes	顯示網址路由

CHAPTER 04

前端之旅

Ruby on Rails

前端指的是 HTML、CSS 與 JavaScript。常有人會分不清楚前端、後端、前台、後台。一個容易記憶的分法是：前端與後端是用技術層面區分，前端的程式碼是執行在瀏覽器上，而後端則是在伺服器上。網站的前台、後台則是從使用者區分，前台是給訪客使用，後台是給網站管理員使用。但無論前台後台，都會牽扯到屬於它們的前端與後端設計。

網站是個複雜的結構，即便是只有前端的靜態網站，實戰上也衍生出各種優秀的解決方案。例如為了減少 CSS 與 JS 的大小，事先進行壓縮；為了減少瀏覽器的請求次數、將多個 CSS 與 JS 檔案分別合併成一個檔案等。有的專門為了產生靜態網站而生的框架也有其樣板引擎，以解決程式碼重複問題。

Rails 身為一個全端的網站框架，自然包含了以上各種解決方案，本章節將會一一做介紹。

4-1 ERB

在執行過 rails g controller pages home about 之後，app/views 會多出兩個檔案：

❖ app/views/pages/home.html.erb

❖ app/views/pages/about.html.erb

這些副檔名以 .erb 結尾的檔案與我們先前手動新增的 .html 檔案有些微的差異。.erb 是 ERB（Embedded Ruby）樣板檔 [11]，.html 則是 HTML 檔。而 .html.erb 是用於提示我們這個檔案最後會輸出一個 HTML 的 ERB 樣板檔。

為了進一步了解 ERB 的寫法，我們先創造一個情境，在 /math 路徑上使用 ERB 語法輸出我們要的結果。

註 **11** 除了ERB之外，也有Haml、與Slim等第三方的樣板引擎，提供比Ruby內建的ERB 更豐富的功能。

```
# config/routes.rb
Rails.application.routes.draw do
  root 'pages#home'
  get 'home', 'about', 'math', controller: 'pages'
end
```

產生的網址路由：

```
$ rake routes
Prefix Verb  URI Pattern        Controller#Action
  root GET   /                  pages#home
  home GET   /home(.:format)    pages#home
 about GET   /about(.:format)   pages#about
  math GET   /math(.:format)    pages#math
```

app/views/pages/math.html.erb 的內容：

```
<!-- app/views/pages/math.html.erb -->
<h1><%= 1 + 1 %></h1>
```

在瀏覽器開啟 http://localhost:3000/math：

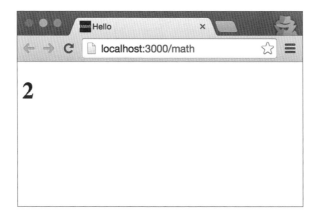

我們剛剛寫的 <%= 1 + 1 %> 不見了，變成了一個 2，透過檢視原始碼也可以更清楚的看到結果：

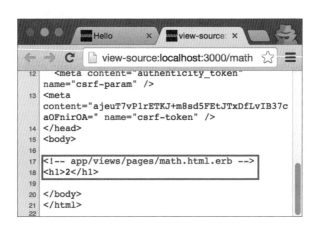

樣板語言的主要功能是在一個既有的文字檔案中，利用特殊符號嵌入動態的程式碼，讓部份的內容是動態產生的。以此為例就是在 <%= %> 裡頭塞入 Ruby 程式碼。這概念跟 Ruby 的字串內嵌有點類似於（"1 + 1 = #{1 + 1}"），只是 Ruby 字串內嵌的符號是 #{}，而 ERB 則是 <%= %>。

ERB 不一定只用於產生 HTML。事實上對 ERB 來說，在他要處理的檔案裡它只看得到 <%= %> 符號裡面的內容，讀取並且執行裡面的程式碼。最後將要回傳的字串取代整個 <%= %>，其餘的文字例如 <h1> 對 ERB 彷彿像是隱形一樣看不到。這意味著 ERB 可以用在各種場合：如 .txt.erb、.xml.erb、Makefile.erb 等。產生 HTML 只是其中一個用法，但對於如何脫離 Rails 去使用 ERB，已經超出本書範圍。

除了 <%= %> 以外，ERB 也有其他語法：

ERB 語法	説明
<% ruby code... %>	只執行 Ruby，但不顯示結果
<%= ruby code... %>	執行後顯示最後回傳值
<%# ruby code... %>	註解 Ruby 程式碼
<%%= ruby code... %>	跳脫符號，會輸出 <%= ruby code %>

```
<!-- app/views/pages/math.html.erb -->
<% a = 1 %>              <!-- 執行但是不顯示 -->
<% b = 2 %>              <!-- 執行但是不顯示 -->
<%# c = 1 %>            <!-- 不執行也不顯示 -->
<h1><%= a + b %></h1>  <!-- 顯示 3            -->
<h1><%%= a + b %></h1> <!-- 不執行但拿掉左邊一個 % 後顯示 -->
```

輸出結果：

4-1-1 流程控制與 block

當網頁顯示牽扯到邏輯的時候，有時候會需要塞入一些 if...else...end 之類的語法，例如：

```
<!-- app/views/pages/math.html.erb -->
<% if rand > 0.5 %>
<h1>喔喔喔！好大</h1>
<% else %>
<small>好小……</small>
<% end %>
```

接著訪問 http://localhost:3000/math 之後，可見到頁面原始碼會隨著每次重新整理時在 <h1>喔喔喔！好大</h1> 與 <small>好小……</small> 間交替。

實際的應用常會判斷會員是否為登入狀態，最後決定要顯示什麼內容：

```erb
<% if user_signed_in? %>
  <h1>歡迎回來</h1>
<% else %>
  <h1><a href="/sign_in">請登入</a></h1>
<% end %>
```

#each 或 #times 這類需要 block 的用法也是大同小異：

```erb
<!-- app/views/pages/math.html.erb -->
<ul>
<% 7.times do |i| %>
  <li><%= i %></li>
<% end %>
</ul>
```

開樂透：

```erb
<!-- app/views/pages/math.html.erb -->
<ul>
<% (1..46).to_a.sample(6).each do |i| %>
  <li><%= i %></li>
<% end %>
</ul>
```

```
16
17  <!-- app/views/pages/math.html.erb -->
18  <ul>
19    <li>17</li>
20    <li>39</li>
21    <li>46</li>
22    <li>2</li>
23    <li>26</li>
24    <li>31</li>
25  </ul>
26
```

這部份實際會應用在部落格頁面逐條顯示公告，或是在相簿頁面顯示每張照片。

4-1-2　變數傳遞

其實剛剛的開樂透程式寫法因為將邏輯的部分寫在 ERB 檔案裡，這已經違背了當初 MVC 設計的初衷。一個正確的 MVC 用法，view 只會負責顯示的工作，在檔案內塞入像是 .to_a.sample(6) 這類多餘的運算並不是個好的設計。既然 view 只要管「顯示資料」就好，我們的程式碼會希望看起來像是這樣：

```
<!-- app/views/pages/math.html.erb -->
<ul>
<% @numbers.each do |i| %>
  <li><%= i %></li>
<% end %>
</ul>
```

我們期待 @numbers 它會是一個可以迭代的東西（例如陣列），然後將之逐條以 <li> 包覆顯示。這是我們第一次在 view 裡面使用了實體變數，之所以取代區域變數是希望這個變數是由 controller 傳過來的，如果真的要使用區域變數，一樣得在某個地方加上 <% numbers = ... %>。雖然把邏輯抽離，但也只是改寫在 view 的別的地方而已，一樣違背了 MVC 的設計。

controller 的工作是協調 view 與 model 之間的訊息傳遞，而將訊息傳遞給 view 的方式就是利用實體變數，所以 @numbers 必須在 controller 中被定義：

```ruby
# app/controllers/pages_controller.rb
class PagesController < ApplicationController
  # 訪問 GET /math 時會執行
  def math
    @numbers = (1..46).to_a.sample(6)
  end
end
```

當訪問 /math，根據路由表會執行 pages#math，所以 @numbers 在此隨之賦值。但這個實體變數並不會因為 #math 方法執行後死去，它的生命週期可以延續到 view 裡面繼續被使用。

在實際應用上，如果要在頁面上顯示文章，controller 常會將陣列資料存到 @posts 實體變數，並在 view 中使用。

4-1-3 HTTP 變數傳遞

view 除了可以使用從 controller 帶來的實體變數之外，也可以獲取來自 HTTP 請求的變數，並透過 params 來取得，在 GET（在網址裡）或是 POST（表單資料）皆然。以訪問 /about?name= 大兜 為例，可以透過以下使用方法取得 " 大兜 " 字串：

```ruby
...
def about
  # 有兩種方式取得 name 變數
  params[:name]  # => "大兜"
  params['name'] # => "大兜"
end
...
```

params 是一個 HashWithIndifferentAccess 物件，繼承自 Hash，功能在於同步 Symbol 與 String 鍵，使其無論在提值或賦值時階無差別：

```
rgb = ActiveSupport::HashWithIndifferentAccess.new

rgb[:black] = '#000000'
rgb[:black]  # => '#000000'
rgb['black'] # => '#000000'

rgb['white'] = '#FFFFFF'
rgb[:white]  # => '#FFFFFF'
rgb['white'] # => '#FFFFFF'
```

params 可以在 view 中做使用，例如 GET /about 會渲染 app/views/pages/about.html.erb，我們可以藉由請求傳來的 name 變數對頁面的顯示加點變化：

```
<!-- app/views/pages/about.html.erb -->
<h1>關於本站</h1>
<h2>歡迎！<%= params[:name] %></h2>
```

☪ params 的使用位置

把 params 直接丟進 view 裡面並不是什麼常見的作法，view 只負責顯示，工作就是 controller 給什麼就顯示什麼即可。當然因為只有 params[:name] 一個變數，看不出差異，如果我們將此功能改寫為 params[:first_name] 與 params[:last_name]，那麼以下程式碼就是一個不好的示範：

```
<!-- app/views/pages/about.html.erb -->
<h1>關於本站</h1>
<h2>歡迎！<%= params[:first_name] %> <%= params[:last_name] %></h2>
<!-- view 中不應該摻雜邏輯 -->
```

反之應該這麼寫：

```
<!-- app/views/pages/about.html.erb -->
<h1>關於本站</h1>
<h2>歡迎！<%= @name %></h2>
<!-- 對 view 來說，不需在意 @name 是什麼，負責顯示就對了 -->
```

在 controller 負責準備 @name 變數：

```
# app/controllers/pages_controller.rb
class PagesController < ApplicationController
  def about
    @name = "#{params[:first_name]} #{params[:last_name]}"
  end
end
```

4-1-4 版型（Layout）

當我們只使用純 HTML、CSS 和 JS 去開發一個靜態網站[12]時，面臨其中一個最大的問題是 HTML 片段的重複。例如在一個含有數個頁面的網站中，每一頁都有邊欄、導覽列、下排註腳等，這些重複的部分在每一個 HTML 檔都要再寫上一次。這導致將來若需要修改共用的區塊時（例如邊欄），必須將所有的檔案都改過一次，過程繁瑣。

註**12** 純前端網站，網站沒有任何在後端執行的程式。

為了解決這個問題，也有衍生出一些專門產生靜態網站的工具，例如 Middleman [13]（middlemanapp.com）或 Fire.app [14]（ireapp.kkbox.com）等。 但無論何種工具，都採用 layout 套版的方式管理 HTML，如下圖所示：

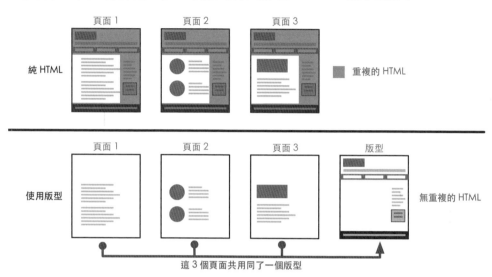

而採用了 DRY 哲學的 Rails 也有相同設計。版型都被放在 app/views/ layouts/ 目錄下。在新生的 Rails 專案會有一個預設的版型叫 application.html. erb：

```
<!DOCTYPE html>
<html>
<head>
  <title>Hello</title>
  <%= stylesheet_link_tag 'application',
    media: 'all', 'data-turbolinks-track' => true %>
  <%= javascript_include_tag 'application',
    'data-turbolinks-track' => true %>
```

註 **13** 指令式的靜態網站開發工具，功能豐富。近幾年的日本 Ruby Kaigi 官方網站皆採用此工具，主要由 Thomas Reynolds 與 Ben Hollis 開發（瀏覽器外掛 jsonview 的作者）。

註 **14** 圖形化介面的靜態網站開發工具，因使用了 Java 而可以跨平台使用，由臺灣 Handlino 團隊開發，在 2013 年 10 月加入於 KKBOX 後，現為 KKBOX 所有。

```
  <%= csrf_meta_tags %>
</head>
<body>

<%= yield %>

</body>
</html>
```

也許你已經從剛剛的練習中注意到，雖然 app/views/about.html.erb 的內容只有短短幾行：

```
<!-- app/views/pages/about.html.erb -->
<h1>關於本站</h1>
<h2>歡迎！<%= @name %></h2>
```

但產生出來的頁面卻又多了許多內容：

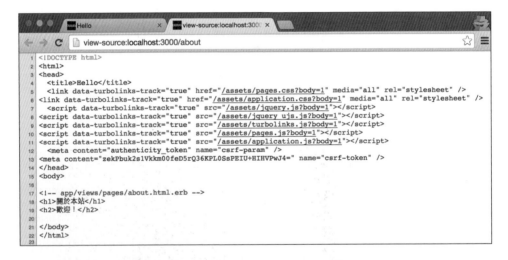

如果比對一下原始碼中的 <title>Hello</title>，不難看出這個檔案應該是由 app/views/layouts/application.html.erb 與 app/views/pages/about.html.erb 合併組成。但有更明顯的證據可以在 log 中觀察到（第 3 行處）：

```
Started GET "/about" for 127.0.0.1 at 2014-11-06 22:50:37 +0800
Processing by PagesController#about as HTML
  Rendered pages/about.html.erb within layouts/application (1.4ms)
Completed 200 OK in 84ms (Views: 73.1ms | ActiveRecord: 0.0ms)
```

Rails 的版型檔中都會有一個 <%= yield %> 語法,用於展開當下要渲染的樣板檔,以此為例就是 about.html.erb 在 application.html.erb 的 <%= yield %> 之處被展開。

☪ 加上導覽列

現在要將網站加上一個簡易的導覽列,我們可以寫在 about.html.erb 裡,但這只會讓一個頁面有導覽列。當然你可以複製貼上兩次同樣的片段到 home.html.erb 與 math.html.erb,但這樣就違背 DRY 哲學了。為了只寫一次就可以讓每一頁顯示導覽列,需要將之寫進版型:

```
<!-- app/views/layouts/application.html.erb -->
…略…
<ul>
  <li><a href="/">首頁</a></li>
  <li><a href="/about">關於</a></li>
  <li><a href="/math">樂透</a></li>
</ul>
<%= yield %>
…略…
```

☾ 自訂樣板

通常一個網站不只有一個版型，例如前台、後台的版型會不太一樣，或像是購物網站的買家與賣家登入後所看到的版型也不盡相同。我們現在就來自訂一個專屬的版型，名為 app/views/layouts/admin.html.erb。

```
<!-- app/views/layouts/admin.html.erb -->
<html>
  <head><title>後台</title></head>
  <body>
    <h1>後台</h1><hr>
    <%= yield %>
  </body>
</html>
```

切換版型的工作是由 controller 負責，可以透過 render 去設定：

```
# app/controllers/pages_controller.rb
class PagesController < ApplicationController
  def about
    @name = params[:name]
    render layout: 'admin' # 指定版型
  end

  def math
    @numbers = (1..46).to_a.sample(6)
  end
end
```

現在訪問 /about 頁面會套用 admin.html.erb 版型，但因 #math 與 #home 沒有指定版型，將採用預設的 application.html.erb。

路徑	Controller#Action	套用版型
/about	pages#about	admin.html.erb
/	pages#home	application.html.erb
/math	pages#math	application.html.erb

訪問 /about 頁面的變化

訪問 /about 頁面的原始碼變化

觀察 log 也可以找到一些線索：

```
Rendered pages/about.html.erb within layouts/admin
```

當然仔細一點也可以寫成：

```
def about
  render 'pages/about', layout: 'admin'
end
```

但第一個參數根據 Rails 的 CoC 原則是可以省略的，此處只需要加上 layout 的設定即可。

若要一次設定某個 controller 下所有 action 的版型，有另一個設定方式：

```
# app/controllers/pages_controller.rb
class PagesController < ApplicationController
  layout 'admin'
  # …略…
end
```

如此所有在 pages controller 下的 action，全部都會套用 admin.html.erb 的樣板：

路徑	Controller#Action	套用版型
/about	pages#about	admin.html.erb
/	pages#home	admin.html.erb
/math	pages#math	admin.html.erb

兩種設定方式可以混用，但 render 的優先度較大。

4-2 局部樣板（Partial）

局部樣板可將 HTML 拆散為許多小的片段方便管理。使用方式：

```
<%= render 'xxx/yyy' %>
```

寫在 ERB 裡面的 render 這和 controller action 中的 render 功能類似，都是到 app/views/ 目錄下尋找檔案並展開，但有幾點不同：

1. 在 controller，render 只能在同一個 action 中使用一次，但 view 中可以使用 render 多次。

2. 局部樣板的檔名都是以底線開頭，如 <%= render 'xxx/yyy' %> 會去對應 app/views/xxx/_yyy.html.erb。

試著將網站的導覽列抽出來變成局部樣板，這是原本的版型：

```
<!-- app/views/layouts/application.html.erb -->
…略…
<ul>
  <li><a href="/">首頁</a></li>
  <li><a href="/about">關於</a></li>
  <li><a href="/math">樂透</a></li>
</ul>
<%= yield %>
…略…
```

修改過後：

```
<!-- app/views/layouts/application.html.erb -->
…略…
<%= render 'shared/navbar' %>
<%= yield %>
…略…
```

新增局部樣板：

```
<!-- app/views/shared/_navbar.html.erb -->
<ul>
  <li><a href="/">首頁</a></li>
  <li><a href="/about">關於</a></li>
  <li><a href="/math">樂透</a></li>
</ul>
```

如此可將導覽列分成一個局部樣板來方便管理，同樣的技巧也可以套用在網站的邊欄、註腳等。

如果我們省略了第一層目錄：

```
<%= render 'navbar' %>
```

對應的檔案則是 app/views/pages/_navbar.html.erb，而非原本的 shared 目錄。這個特性和在 controller 中使用 render 一樣，當沒有設定目錄的名稱（configure）時，Rails 會依照 CoC 原則，以 controller 名稱做為目錄名稱（convension）使用。所以在 pages controller 之下，渲染局部樣板若省略了第一層目錄，Rails 會到 app/views/pages/ 資料夾下尋找檔案。

4-2-1 局部樣板的變數傳遞

在 render 的最後一個參數放置 Hash 可以將額外的資訊以區域變數的方式帶進局部樣板。

```
<!-- app/views/layouts/application.html.erb -->
…略…
<%= render 'shared/navbar', line_number: 3 %>
<%= yield %>
…略…
```

接收到的 Hash 會被轉為區域變數：

```
<!-- app/views/shared/_navbar.html.erb -->
<ul>
  <li><a href="/">首頁</a></li>
  <li><a href="/about">關於</a></li>
  <li><a href="/math">樂透</a></li>
</ul>
<% line_number.times do %>
<hr>
<% end %>
```

http://localhost:3000

在實際應用上，若是一個相簿的網站，我們會在相簿陳列頁面中，將一本相簿的小區塊拆成局部樣板，而差異的部分像是標題、縮圖、簡介等則是透過變數傳入。舉例如下：

```
<!-- app/views/albums/_album.html.erb -->
<div class="thumbnail">
  <img src="<%= image %>" alt="...">
  <div class="caption">
    <h3><%= title %></h3>
    <p><%= summary %></p>
  </div>
</div>
```

使用方法：

```
<%= render 'albums/album', title: '生活', summary: '日常生活', image: '...' %>
```

像這樣使用局部樣板在相同之處保留，重複之處抽離的技巧，並將會變動的部分以變數的方式傳入，也是 Rails 的 DRY 哲學。

4-3　View Helper

有時一個網頁的部分區塊會牽扯到複雜的邏輯，例如導覽列的顯示會依照使用者登入與否抑或身分而有所不同，又或者我們需要在導覽列中，透過改變某個項目的 class 來提示使用者當前的頁面位置。

當然我們可以在 view 中嵌入大量的 if、case 等邏輯敘述來達到目的，但除了導致程式碼不美觀之外，也可能造成未來維護的困難。即便是切成了許多了局部樣板，也難以倖免。

而 Rails 對此問題的正規解法是使用 view helper，讓「產生 HTML」這件事情變得像是寫程式碼一樣，而不是利用拼湊一堆字串的方式。這讓我們面對複雜的顯示邏輯時，變得容易且易於維護。

Rails 提供了種類豐富的 helper 方法在 view 中供使用，大略可以分為 URL helper、form helper、tag helper、和自訂 helper。

4-3-1 URL Helper

這類的 helper 是由網址路由動態產生的，有別於其他的 helper 已經寫在 Rails 的原始碼中。當輸入 rake routes 的時候，有一個 prefix 欄位，指的就是 該路由產生的 URL helper 方法名稱的前綴。若前綴是 xxx，則產生的 helper 會是 xxx_path 與 xxx_url。

令網址路由如下：

```
$ rake routes
Prefix Verb URI Pattern          Controller#Action
  root GET  /                    pages#home
  home GET  /home(.:format)      pages#home
 about GET  /about(.:format)     pages#about
  math GET  /math(.:format)      pages#math
```

則產生的 URL helper 與各別的回傳值：

```
root_path  # => "/"
root_url   # => "http://localhost:3000/"
home_path  # => "/home"
home_url   # => "http://localhost:3000/home"
about_path # => "/about"
about_url  # => "http://localhost:3000/about"
math_path  # => "/math"
math_path  # => "http://localhost:3000/math"
```

所以原本的導覽列，可以改用 URL helper 來改寫：

```
<!-- app/views/shared/_navbar.html.erb -->
<ul>
  <li><a href="<%= root_path %>">首頁</a></li>
  <li><a href="<%= about_path %>">關於</a></li>
  <li><a href="<%= math_path %>">樂透</a></li>
</ul>
```

這樣的作法有兩個好處：

☾ 提早發現失效連結

若我們將導覽列中的 /about 誤打為 /aboutt：

```
<li><a href="/aboutt">關於</a></li>
```

這樣仍不會影響頁面的訪問，直到訪客點選了「關於」連結時，對伺服器發送 GET /aboutt 請求，才會抓到這個錯誤。

但若使用 URL helper 的寫法，把 about_path 誤打成 aboutt_path，會因為 Rails 找不到這個方法而擲出 NameError 異常。

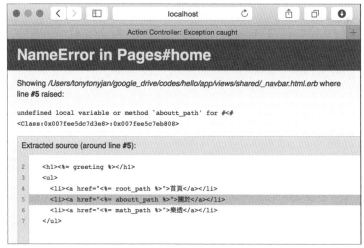

渲染導覽列途中出現 NameError 錯誤

☾ 易於重構全站網址

隨著網站的開發，未來許多頁面都有像是如 <a href="/about"></a> 的連結。這時突然有個新的需求，需要將網站的路徑 /about 全部改為 /me，即便我們已經有版型與局部樣板這些技術，對於這樣的要求仍然需要一個一個檔案修改，如果對指令比較熟悉的，也許會用到 sed 來完成這相工作。

但若我們將全站的網址全部採用 URL helper 風格，也就是 about_path 的寫法，事情就會變得簡單許多。因為 URL helper 可在不改變前綴的情況下，改變回傳值。

我們將 config/routes.rb 做些改變，針對 /about 加上 path 的設定：

```
# config/routes.rb
Rails.application.routes.draw do
  root 'pages#home'
  get :home, :math, controller: :pages
  get :about, controller: :pages, path: :me
end
```

產生的網址路由會變成：

```
$ rake routes
Prefix Verb  URI Pattern       Controller#Action
  root GET   /                 pages#home
  home GET   /home(.:format)   pages#home
  math GET   /math(.:format)   pages#math
 about GET   /me(.:format)     pages#about
```

最後一行原本的 /about(.:format) 變成了 /me(.:format)，但前綴部分仍保留是 about。所以如果整個網站都按照 URL helper 的寫法，對於重構網站的網址可以是很輕鬆的。

```
# 修改路由設定前
about_path # => '/about'
# 修改路由設定後
about_path # => '/me'
```

4-3-2 Tag Helper

Rails 內建了許多產生 HTML 標籤的 helper，常見的標籤都有相對應的 helper。在 Ruby 程式設計裡常會見到將 Hash 物件當作最後一個參數的技巧。而在 view helper 中，這個 Hash 物件通常會用於對應到 HTML 標籤的屬性：

較底層的 helper：

```
content_tag :span, 'Text', class: :item
# => <span class="item">Text</span>
tag :br
# => <br />
```

常用的高層 helper：

```
link_to '關於', '/about', target: :_blank
# => <a href="/about" target="_blank">關於</a>
javascript_include_tag 'main'
# => <script src="/assets/main.js"></script>
# 或 <script src="/javascripts/main.js"></script>
stylesheet_link_tag 'main'
# => <link href="/assets/main.css" media="screen" rel="stylesheet" />
# 或 <link href="/stylesheets/main.css" media="screen" rel="stylesheet" />
image_tag 'avatar.png', width: 100
# 如果 app/assets/images/avatar.png 存在
# => <img alt="Avatar" src="/assets/avatar.png" width="100" />
# 或 <img alt="Avatar" src="/images/avatar.png" width="100" />
```

其中 javascript_include_tag、stylesheet_link_tag、image_tag 的回傳值，會在下一章節中詳細介紹。

將新的導覽列改為正規的 Rails 風格寫法：

```
<!-- app/views/shared/_navbar.html.erb -->
<ul>
  <li><%= link_to '首頁', root_path %></li>
  <li><%= link_to '關於', aboutt_path %></li>
  <li><%= link_to '樂透', math_path %></li>
</ul>
```

4-3-3 自訂 Helper

自訂的 helper 檔放在 app/helpers/ 下。由於 Rails 的 helper 是利用 mixin 的方式擴展到 view，所以這些檔案中定義的都是 Ruby module。不管定義在哪個檔案，這些 helper 都可以在 view 中使用。但也因 mixin 的緣故，無法規劃名稱空間（namespace），所有 helper 方法的命名都要極力避免撞名。

一般導覽列會針對訪客的當前頁面，將相對應的項目變色或是強調，能讓訪客知道自己在哪裡。常見的作法是在該項目加上額外的 class。當然這可以透過在 view 中塞入一些 if 敘述達到，但這不是我們希望的。相反的可以優雅的使用 helper 來實現，並讓程式碼美化如下：

```
<!-- app/views/shared/_navbar.html.erb -->
<ul>
  <%= nav_li "首頁", root_path %>
  <%= nav_li "關於", about_path %>
  <%= nav_li "樂透", math_path %>
</ul>
```

helper 可以透過 rails g helper NAME 產生：

```
$ rails g helper navbar
     create  app/helpers/navbar_helper.rb
```

接著加上需要的程式碼：

```
# app/helpers/navbar_helper.rb
module NavbarHelper
  def nav_li text, path
    active = request.path == path ? :active : nil
    content_tag :li, link_to(text, path), class: active
  end
end
```

其中 request 方法可以取得該次請求的各種資訊，包括 IP、標頭等等。而 #path 可以取得請求的路徑資訊，藉此可辨別使用者是否在當前頁面。若是，則在 <li> 加入 class="active"。

定義 CSS，讓字體變大變紅：

```css
/* app/assets/stylesheets/application.css */
/*
 *= require_self
 *= require_tree .
 */
li.active > a{
  font-size: 200%;
  color: red;
}
```

導覽列呈現的效果

4-3-4 helper 與局部樣板

　　helper 和局部樣板都是利用簡便的寫法去產生煩冗的 HTML 片段，兩者也常常會並用。這造成在學習 Rails 的過程中，往往容易搞混兩者的使用時機。

　　其中最顯著的差別是 helper 多應用在邏輯複雜之處。事實上網頁中的 HTML 片段可以全部使用局部樣板來解決，例如動態的 class 或 icon 等。只是透過局部樣板可能會出現以下的寫法：

```erb
<li class="<%= @product.hot? ? :hot : nil %> product"><%= @product.name %></li>
```

或是：

```
<% hot_class = @product.hot? ? :hot : nil %>
<li class="<%= hot_class %> product"><%= @product.name %></li>
```

程式碼變得醜陋又難以維護，但如果使用 helper 的話情況就能改善很多：

```
# app/helpers/products_helper.rb
module ProductHelper
  def product_li product
    hot_calss = @product.hot? ? :hot : nil
    content_tag :li, product.name, class: hot_calss
  end
end
<%= product_li product %>
```

產生 HTML 的工作變得像是在寫程式碼，足以應付各種複雜的邏輯，而不需要在 view 中去拼湊 HTML。除了便於維護，也提高了可讀性。

但也不表示 helper 就是銀彈，不要因此矯枉過正把所有 view 的內容全部置換為 helper 寫法。HTML 片段有分靜態與動態產生的，若頁面中有部分靜態內容如下：

```
<h1>歡迎來到首頁</h1>
```

此例就沒有必要改為 helper 的寫法：

```
<%= content_tag :h1, "歡迎來到首頁" %>
```

這樣並不會讓頁面更易讀，還會降低渲染頁面的速度，因為原本可以直接輸出給瀏覽器的 HTML 片段，變得需要執行一段 Ruby 去渲染同樣的結果，是多此一舉。

4-3-5 Form Helper

對於訪客與網站之間傳遞資料的工作，form 扮演了重要的地位。但是除了寫起來覺得繁瑣，且只有提供 GET 與 POST 兩種請求動詞。Rails 提供了許多好用的 form helper，可以用簡短的語法產生因應各種需求的表單。

☾ CSRF（跨站請求偽造）防禦

CSRF 防禦是使用 form helper 帶來的其中一個好處，Rails 預設會保護 GET 以外的請求。

以下是一個故事情境，假設有一個刪除網站所有文章的網址為 http://yoursite.com/posts/destroy，工程師也很貼心地加上了權限控管，所有訪問這個網址的人，除了已登入的管理員，其餘都會被攔下，乍看是安全的。

直到後來攻擊者嘗試寄了一封信給網站管理員：

簡煒航 <tonytonyjan@gmail.com>
to me ▾

幫我看一下這個連結

```
幫我看一下這個<a href="http://yoursite.com/posts/destroy">連結</a>
```

只要收件人不經意的點下去，他的網站心血就會全部被刪光。當然這封信看起來可能有些愚蠢，但若主題換成了「購物優惠」、「重設密碼通知」、「中獎訊息」抑或「養眼照片連結」，幾可亂真之下收件人還是會有機會點下連結。不過有更進階的攻擊手法是將網址放在 <img> 裡面：

```
<img src="http://yoursite.com/posts/destroy">
```

這樣管理員甚至不需要點擊瀏覽器就會自動代為傳送請求，只有看到破損的圖片，殊不知網站的文章已經刪光光。

目前主流的防禦方式有兩種，一個是收到請求時檢查 HTTP 標頭的 referrer 欄位是否與原網域相同；另一個更安全的方法是透過伺服器發給訪客的憑證（token），當訪客送出請求時須攜帶此憑證以讓伺服器得以驗證該請求的合法性。

為了體驗 form helper 帶來的功能，我們先用傳統方法在 /form 中加入一個表單，使其可以送出一個 name 變數到 /about 頁面。

```
# config/routes.rb
Rails.application.routes.draw do
  root 'pages#home'
  get :home, :math, :about, :form, controller: :pages
end
<!-- app/views/pages/form.html.erb -->
<form action="/about" method="get">
  <input type="text" name="name">
  <input type="submit">
</form>
```

GET /about?name=大兜

這裡的導覽列為了呈現筆直的美觀，有加上額外的樣式：

```
/* app/assets/stylesheets/application.css */
ul > li{ display: inline; }
```

如圖所示，從 /form 頁面的表單中送出了一個 GET /about?name=大兜的請求，並成功渲染頁面。

接著試著改為 POST 請求：

```erb
<!-- app/views/pages/form.html.erb -->
<form action="/about" method="post">
  <input type="text" name="name">
  <input type="submit">
</form>
```

為了讓網站可以接受 POST /about 的請求，需要修改路由表，否則會得到
Routing Error：

```ruby
# config/routes.rb
Rails.application.routes.draw do
  root 'pages#home'
  get :home, :math, :form, controller: :pages
  post :about, controller: :pages
end
```

再重新送出 POST 請求，但是結果不如預期，得到了一個 ActionController
::InvalidAuthenticityToken 異常：

這是因為在 ApplicationController 中預設了 protect_from_forgery。而所有的 controller 都繼承自 ApplicationController（不妨打開來觀察），這讓所有的「非 GET 請求」都得以受到 CSRF 保護。而剛剛 POST /about 請求也因為缺少憑證而被攔下。

```ruby
# app/controllers/application_controller.rb
class ApplicationController < ActionController::Base
  # Prevent CSRF attacks by raising an exception.
  # For APIs, you may want to use :null_session instead.
  protect_from_forgery with: :exception
end
```

Rails 贈送給訪客的憑證，經過 SHA1 與 config/secrets.yml 的密鑰加密後存放在 session 裡，各別訪客都各自保有自己的憑證。

改寫原本的表單加上 token_tag，讓送出 POST 請求的同時能攜帶憑證：

```erb
<!-- app/views/pages/form.html.erb -->
<form action="/about" method="post">
  <input type="text" name="name">
  <%= token_tag %>
  <!-- 憑證會放在請求的 authenticity_token 變數中：
  <input name="authenticity_token"
         type="hidden"
         value="RubUDubvHJhXXBabdA31ms4FUZn5LbUi9H6Lu47uRBg=" />
  -->
  <input type="submit">
</form>
```

每次都要加上 token_tag 頗麻煩，Rails 有提供更方便的 form_tag：

```erb
<!-- app/views/pages/form.html.erb -->
<%= form_tag about_path do %>
  <input type="text" name="name">
  <input type="submit">
<% end %>
```

產生的表單：

```
<form accept-charset="UTF-8" action="/about" method="post">
  <div style="display:none">
    <input name="utf8" type="hidden" value="&#x2713;" />
    <input name="authenticity_token"
           type="hidden"
           value="RubUDubvHJhXXBabdA31ms4FUZn5LbUi9H6Lu47uRBg=" />
  </div>
  <input type="text" name="name">
  <input type="submit">
</form>
```

form_tag 做了很多事：

❖ 預設為 POST，除非設定 method: :get。

❖ authenticity_token：用於防禦 CSRF 的憑證。

❖ utf8 變數：Rails 3 加入的東西又叫做「雪人[15]」，用於解決 IE 在變數解析上的編碼問題。

❖ HTML 的表單只有支援 GET 與 POST 兩種請求，但 form_tag 可以送出 PUT、DELETE 等請求，例如設定 method: :put 送出 PUT 請求[16]。

☞ Input Helper

除此對於各種 <input> 標籤也有對應的 form helper 可以使用：

```
check_box_tag :name          # <input id="name" name="name" type="checkbox"
                                     value="1" />
color_field_tag :name        # <input id="name" name="name" type="color" />
date_field_tag :name         # <input id="name" name="name" type="date" />
datetime_field_tag :name     # <input id="name" name="name" type="datetime" />
```

註15 IE 5~8 在解析 POST 變數時除非有出現 UTF-8 字元，否則不以 UTF-8 編碼。為了強迫可以正常編碼，Rails 在早期版本中加上一個小雪人字元（U+2603），現在被改為打勾（U+2713）。在 GitHub 上可以看到開發歷程中被來回改了幾次，最後決定使用打勾字元，但雪人這名字卻被保留了下來。

註16 Rack method override，會參照 _method 變數，當使用 form_tag 時，會自動產生該變數。

```
datetime_local_field_tag :name    # <input id="name" name="name" type="datetime-
                                     local" />
email_field_tag :name             # <input id="name" name="name" type="email" />
file_field_tag :name              # <input id="name" name="name" type="file" />
hidden_field_tag :name            # <input id="name" name="name" type="hidden" />
month_field_tag :name             # <input id="name" name="name" type="month" />
number_field_tag :name            # <input id="name" name="name" type="number" />
password_field_tag :name          # <input id="name" name="name" type="password" />
phone_field_tag :name             # <input id="name" name="name" type="tel" />
range_field_tag :name             # <input id="name" name="name" type="range" />
search_field_tag :name            # <input id="name" name="name" type="search" />
select_tag :name                  # <select id="name" name="name"></select>
telephone_field_tag :name         # <input id="name" name="name" type="tel" />
text_area_tag :name               # <textarea id="name" name="name"></textarea>
text_field_tag :name              # <input id="name" name="name" type="text" />
time_field_tag :name              # <input id="name" name="name" type="time" />
url_field_tag :name               # <input id="name" name="name" type="url" />
week_field_tag :name              # <input id="name" name="name" type="week" />
button_tag :name                  # <button name="button" type="submit">name</
                                     button>
field_set_tag :name               # <fieldset><legend>name</legend></fieldset>
label_tag :name                   # <label for="name">Name</label>
submit_tag :name                  # <input name="commit" type="submit" value="name"/>
image_submit_tag 'submit.jpg'     # <input alt="Submit" src="/assets/submit.jpg"
                                     type="image" />
```

以上所有的 helper，除了最後五項，第一個參數皆是指設定 name 屬性，而 id 屬性則是依照「慣例優於設定」原則自動補上。若不照此「慣例」，可以透過額外的「設定」去修改，例如：

```
time_field_tag :name, id: :hello
# <input id="hello" name="name" type="time" />
```

使用以上的 helper，最後表單可以改寫如下 Rails 風格的寫法：

```
<!-- app/views/pages/form.html.erb -->
<%= form_tag about_path do %>
  <%= text_field_tag :name %>
  <!-- <input id="name" name="name" type="text" /> -->
  <%= submit_tag %>
  <!-- <input name="commit" type="submit" value="Save changes" /> -->
<% end %>
```

4-4 Assets Pipeline

Assets pipeline 是 Rails 3.1 時引進的技術，assets 指的就是網頁中的 JS 與 CSS 檔案（或稱「資源」）。目的在提供一套正規的流程將 JS 與 CSS 資源預先編譯、合併、壓縮成一個檔案，以減少瀏覽器的請求數量與流量。

我們現在所熟之的網頁，是由 HTML、CSS、JS 這三樣東西加在一起，在過去工具不普及的時代，隨著網站的成長，CSS 與 JS 檔案越來越多，而容易在 <head> 寫下這樣的程式碼：

```
<link rel="stylesheet" href="/css/main.css">
<link rel="stylesheet" href="/css/sidebar.css">
<link rel="stylesheet" href="/css/post.css">
…略…
<script src="/js/jquery.js"></script>
<script src="/js/main.js"></script>
<script src="/js/form.js"></script>
…略…
```

確實這樣的好處是方便管理每個邏輯獨立的檔案，且對於哪個 HTML 引入了哪些 CSS 或 JS 資源以可以一目了然。但隨著引入的檔案越來越多，將會導致瀏覽器訪問這一頁面時，送出了大量請求去下載 CSS、JS。以上段程式碼為例，至少送出了 7 個 HTTP 請求：JS、CSS 各 3 個，加上 HTML 本身。

請求的次數隨著引入的檔案增加而增加，加上 HTTP 請求是肥大的結構，這讓開啟網頁到完全載入所有資源需要很長的時間。若訪客是使用行動裝置，問題則會更加嚴重。

建議不妨打開瀏覽器的開發者工具，並且開啟一個網頁看看，可以輕易地觀察到這個網頁總共讓瀏覽器送出了多少次請求，有助於理解後續的內容。

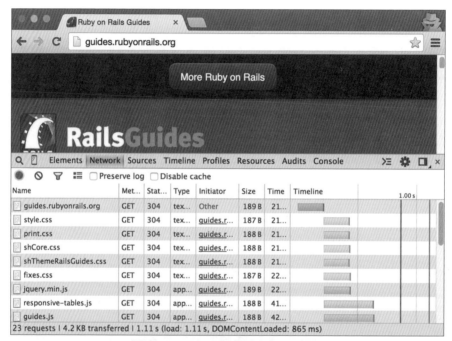

透過 Chrome 工具觀察 HTTP 請求

面臨頻寬與速度的問題，一個直覺的解法就是將所有的檔案合併成為一個檔案，讓網頁需要下載的 CSS 與 JS 檔案只需各一個。加上瀏覽器會做快取，在第二次的拜訪時，如果該網頁沒有圖片，只需要下載 HTML 即可。除此甚至可以刪除檔案中額外的空格與換行，使檔案變得更小再進行壓縮，縮短傳輸的時間。

這大大改善了使用者體驗，但要手動限制開發者只能夠在一個檔案中開發，並且程式碼不可以有空格需要付出的代價太大。於是一些專門處理該問題的工具陸續被開發出來：例如 Yahoo 的 YUI Compressor（yui.github.io/yuicompressor）、Google 的 Closure Compiler（https://github.com/google/closure-compiler）、 或 是 NodeJS 的 UglifyJS（marijnhaverbeke.nl/uglifyjs）都是很傑出的資源封裝、壓縮工具。

如此開發者於開發階段可以將程式碼拆分成數個檔案以方便維護，於佈署階段再使用這些工具將程式碼封裝。

4-4-1 sprockets

Rails 往往將現今最普遍的解法納入自身框架中，而封裝、壓縮資源的工作是由預先安裝的 sprockets gem 來完成。它預設使用的 JS 壓縮工具是 UglifyJS，CSS 則是 SCSS。且依照慣例檔案都須放在 {app,lib,vendor}/assets/{stylesheets,javascripts}/[17]，有別於過去使用的 public/{stylesheets,javascripts} 資料夾。

而也隨著網頁的設計越來越複雜，夾雜著各種奇技淫巧的特效，開發者們覺得 CSS 與 JS 的正規寫法已經漸漸顯得難用，或覺得時常受限於語言本身的語法與結構，容易寫出冗長、無法重複利用的程式碼，導致生產力下降。於是一些先驅開發們又發展出新的程式語言來取代現有的語法，這些語言通常簡單易寫，但不代表瀏覽器讀得懂他們，瀏覽器執行的仍是正規 CSS 與 JS 語法。其方法是藉由中間夾一層編譯器，將新的語言編譯成傳統的 CSS 與 JS。從此開發者們於開發階段可以用效率較高的新語言撰寫，於佈署階段則先經過一次編譯器將原始碼轉成正確的 CSS 與 JS，以讓瀏覽器能夠正常讀取。

其中 Rails 預設兩個著名的編譯工具，分別為 SASS（sass-lang.com，用於產生 CSS）與 CoffeeScript（coffeescript.org，用於產生 JS）。

註**17** 表示app/assets/stylesheets、lib/assets/stylesheets、vendor/assets/stylesheets、app/assets/javascripts、lib/assets/javascripts、vendor/assets/javascripts。

Rails 是利用副檔名辨別檔案是否需要經過一層編譯步驟，例如 app/assets/javascripts/foo.js.coffee、與 app/assets/stylesheets/bar.css.scss。如果是想要使用傳統 JS 與 CSS，只要把副檔名改為只有 .css 與 .js 即可。

所以若要開發一個高效率的網站，在沒有 assets pipeline 的幫助下，抑或不用 Rails 框架的情況下，我們可以透過自行編譯、壓縮這些 CSS、JS 檔案，並且用在部屬機器上。目前為止聽起來還不會太麻煩，真正麻煩的是開發端與部屬端的程式碼該如何同步與管理。舉個例子：

部屬機器上的原始碼會像這樣乾淨俐落，只有 CSS 與 JS 各一個檔案：

```
…略…
<head>
  <title></title>
  <link rel="stylesheet" href="/css/all.css">
  <script src="/js/all.js"></script>
</head>
…略…
```

可是在開發的時候是這樣寫的，正如一開始提到的的寫法一樣：

```
…略…
<link rel="stylesheet" href="/css/foo.css">
<link rel="stylesheet" href="/css/bar.css">
…略…
<script src="/js/jquery.js"></script>
<script src="/js/foo.js"></script>
<script src="/js/bar.js"></script>
…略…
```

也許這透過開 branch 是個辦法，但只會讓你的程式碼更亂，之後會介紹 assets pipeline 的用法，你會更理解 sprockets 怎麼運作。

4-4-2　turbolinks

　　即便開發者們打造了方便封裝、編譯、壓縮的工具讓網站夠有效率，網頁開啟速度仍然無法被貪心的工程師（或者使用者）滿足。因瀏覽器架構使然，每次載入一個網頁，會依序解析 HTML、CSS、JS，但即使處在同一個網站中瀏覽網頁時，載入的頁面往往只有 HTML 的部分會改變。即便 CSS 與 JS 已經能從快取中取得，瀏覽器卻仍然需要在不同的頁面一再重複消耗 CPU 來解析這些相同的 CSS 與 JS 檔案。

　　後來一些先驅開發者們針對這個問題，又再度想到一個不打破現有瀏覽器的架構下的可行方法。就是可以讓使用者始終停在同一個網頁，這樣瀏覽器只需要解析一次 CSS 與 JS，而所有的超連結則是用 ajax 的方式去向 server 索取 HTML 的部分，並用 JS 取代頁面的 HTML 片段。實測速度可快上兩倍左右。

　　這個技巧所衍生的其中一個著名工具為 pjax（pjax.herokuapp.com）。但 Rails 預設使用的則是自家的 turbolinks gem，可以說是 Rails 版的 pjax，它們背後的原理是相似的。

4-4-3　傳統寫法

　　在 Rails 3.1 雖加入了 assets pipeline，你仍可以將 assets 檔案放在 public 資料夾內，例如：

```
// public/javascripts/admin.js
alert('admin');
/* public/stylesheets/admin.css */
h1{color: blue;}
```

　　然後透過傳統寫法引入它們：

```
<link rel="stylesheet" href="/stylesheets/admin.css">
<script src="/javascripts/admin.js"></script>
```

或者透過 Rails helper。目前為止這兩種寫法最後產生一樣的 HTML：

```
<%= stylesheet_link_tag     'admin' %>
<%= javascript_include_tag 'admin' %>
```

接著將這兩個檔案加到後台的模版：

```
<!-- app/views/layouts/admin.html.erb -->
<html>
  <head>
    <title>後台</title>
    <%= stylesheet_link_tag     'admin' %>
    <%= javascript_include_tag 'admin' %>
  </head>
  <body>
    <h1>後台</h1><hr>
    <%= yield %>
  </body>
</html>
```

接者打開 http://localhost:3000：

當提供 stylesheet_link_tag 與 javascript_include_tag 相對路徑時，它們會尋找 public/stylesheets/ 與 public/javascripts/ 下的檔案，並且可以省略副檔名。

以上就是在 Rails 在尚未引進 assets pipeline 的作法。也就是把 assets 丟入 public/ 資料夾，並使用純 HTML 或是透過 helper 來引用。

有的人會習慣將檔案放進 public/css/ 而非 public/stylesheets/，那麼網址的路徑看起來就會是 /css/admin.css。但如此 helper 必須改寫為絕對路徑，例如：

```
<%= stylesheet_link_tag    'css/admin' %>
<%= javascript_include_tag 'css/admin' %>
```

4-4-4 使用 Assets Pipeline

如果網站需要得到 assets pipeline 的加持，assets 應該放在 {app,lib,vendor}/assets/{stylesheets,javascripts} 而非 public/ 資料夾下。

所以將剛剛的 assets 檔案搬到 app/assets/ 裡：

```
mv public/stylesheets/admin.css app/assets/stylesheets/admin.css
mv public/javascripts/admin.js app/assets/javascripts/admin.js
```

由於 stylesheet_link_tag 與 javascript_include_tag 搜尋的路徑是 {app,lib,vendor}/assets/{stylesheets,javascripts} 優先，如果找不到檔案時才會再去尋找 public/stylesheets/，所以直接搬動檔案但沒改任何程式碼是沒問題的。

最後還需要透過設定檔，讓 assets pipeline 可以納入額外的檔案，也就是 admin.js 與 admin.css。雖然壓縮、封裝是自動進行的，但你得手動告訴 sprockets 該處理哪些檔案，否則在部屬環境時，這些檔案將不會產生：

```
# config/initializers/assets.rb
Rails.application.config.assets.version = '1.0'
Rails.application.config.assets.precompile += %w[
  admin.js admin.css
]
```

最後再重啟動 server[18] 就完成了，這時原始碼中 assets 的路徑會有些變化：

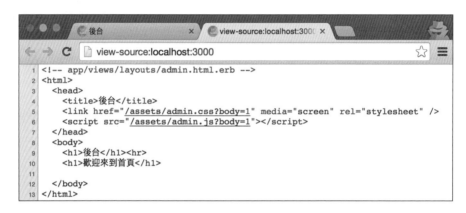

原始碼顯示像是 /assets/admin.css 的路徑，但事實上並找不到 public/assets/admin.css 這個檔案，因為這是一個由 sprockets 動態產生的抽象路徑，目的是將路徑對應到 {app,lib,vendor}/assets/stylesheets/。通常我們只會在 development 中讓 sprockets 動態地運作以利於除錯與開發，當真正佈署到 production 環境[19] 時，會透過 rake assets:precompile 指令，將在 config/initializers/assets.rb 中定義的檔案進行編譯、壓縮，這時才會真正在 public/assets 資料夾下產生檔案變成靜態檔來取

註18 凡是修改過 config 底下的設定檔，都需要重啟伺服器後才能生效。

註19 Rails 預設有 development、production、test 三種環境，其設定檔分別散落在 config/environments/*.rb 裡，Rails 會依照啟動環境載入其中一個。啟動環境可透過 RAILS_ENV 環境變數指定，例如以 production 環境啟動伺服器：RAILS_ENV=production rails server。

代原本抽象的路徑。在 Rails production 環境中，一般 public 資料夾（裡面都是靜態檔案）是交給 apache 或 nginx 來處理，讓送來的請求不會進入 Rails，而在 HTTP 伺服層就直接回應，讓網站跑起來更快。

4-4-5 require、require_tree 與 require_self

難道我們每次增加新的檔案都要再改一次 config/initializers/assets.rb？

這是錯誤的用法。一般在版型檔（admin.html.erb）定義好 javascript_include_tag 與 stylesheet_link_tag 各一個之後，將這兩個檔案加入 assets.rb。往後要新引入的檔案都不用再修改版型檔（app/views/layouts/admin.html.erb）或 assets.rb 設定檔。

這樣使用是錯誤的：

```
<%= stylesheet_link_tag    'more' %>
<%= stylesheet_link_tag    'admin' %>
```

我們將額外引入的檔案寫在註解中，而版型檔保持不變即可。引入的方式有三種寫法，後續會一一介紹：

```
/*
= require more
= require_tree admin_all
= require_self
*/
/* public/stylesheets/admin.css */
h1{color: blue;}
```

正如平時開發網站會需要做的事一樣，會不時增加新的 assets 檔案。我們再新增一個 more.css，讓 <h1> 的字變小：

```
/* app/assets/stylesheets/more.css */
h1{font-size: 20px;}
```

接著在 admin.html.erb 引入這個檔案。若依照過去開發網頁的方式,使用剛剛錯誤的使用方法,表示我們沒有真正利用到 assets pipe 的功能。這樣的寫法最後將產生兩個 <link> 標籤,瀏覽器仍需要送出兩次請求取得這些檔案,sprockets 的封裝、壓縮功能就完全沒有用武之地。

正確的用法是在 admin.css 的註解中加入 = require more:

```
/*= require more */
/* app/assets/stylesheets/admin.css */
h1{color: blue;}
```

同時 app/views/layouts/admin.html.erb 保留載入一個檔案即可:

```
<!-- app/views/layouts/admin.html.erb -->
…略…
<%= stylesheet_link_tag 'admin' %>
…略…
```

接著再載入首頁,可以觀察到 <h1> 的字體變小了,我們的 more.css 已經奏效:

字體受到 more.css 影響變小了

明明只有引入 admin.css 一個檔案，卻載入多餘的 more.css，不妨再打開原始碼看看發生什麼事：

```
1  <!-- app/views/layouts/admin.html.erb -->
2  <html>
3    <head>
4      <title>後台</title>
5      <link href="/assets/more.css?body=1" media="screen" rel="stylesheet" />
6  <link href="/assets/admin.css?body=1" media="screen" rel="stylesheet" />
7      <script src="/assets/admin.js?body=1"></script>
8    </head>
9    <body>
10     <h1>後台</h1><hr>
11     <h1>歡迎來到首頁</h1>
12   </body>
13 </html>
```

多了 more.css

stylesheet_link_tag 'admin' 被展開成為兩個 link 標籤了。若你以前曾經寫過 C、Java 或是 JavaScript 以外的其他著名程式語言，它們大多都有載入外部函數、檔案或是動態函式庫的語法。例如 C 的 #include、Java 的 import，抑或更貼切的一點的比喻：Ruby 的 require。

這種用法讓你不用把所有的東西都塞在同一個檔案，且可以讓你寫的東西得以輕易地重複利用。JavaScript 缺乏這個功能，但 sprockets 聰明地利用註解中的語法，將相同的功能帶入了 JavaScript 與 CSS。

可是最後仍產生了兩個 link 標籤，使瀏覽器送出了兩次請求？

在 development 模式下，Rails 預設是將註解中引入的檔案，依序在 HTML 層展開數個 link 標籤。我們可以將 assets debug 模式關掉，以觀察 sprockest 帶來的封裝效果：

```
# config/environments/development.rb
config.assets.debug = false # 從 true 改為 false
# 注意修改過 config 資料夾下的檔案，需要重新啟動伺服器
```

重啟伺服器後，觀察頁面原始碼，現在只看得到 admin.css 被載入，沒有 more.css：

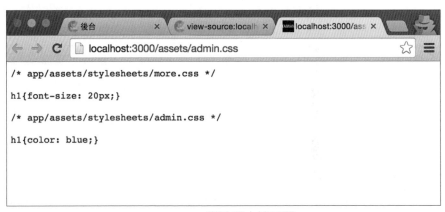

more.css 不見了

可是當打開 /assets/admin.css 之後，可以看到剛剛在 more.css 寫下的內容出現在裡面：

```
/* app/assets/stylesheets/more.css */

h1{font-size: 20px;}

/* app/assets/stylesheets/admin.css */

h1{color: blue;}
```

more.css 從註解中被展開

debug 模式被關掉後，現在 require 功能才開始真正像是 C 語言或 PHP 中的 include 一樣，被引用的檔案會在此處被展開。當寫下 = require more，sprockets 會依序尋找 {app,lib,vendor}/assets/stylesheets/ 下的檔案。

不過難免有些麻煩的是，每次新增一個檔案就需要寫上一次註解，為此 sprockets 提供 require_tree，可以一口氣載入整個資料夾下的所有檔案，以及子資料夾下的檔案。

例如先在 app/assets/stylesheets 中產生 admin 資料夾，並將 more.css 移到該資料夾中：

```
$ cd app/assets/stylesheets
$ mkdir admin
$ mv more.css admin
```

最後將整個 app/assets/stylesheets/admin 資料夾引入：

```
/*= require_tree ./admin */
/* app/assets/stylesheets/admin.css */
h1{color: blue;}
```

注意這裡的用法是 ./admin 而不是 admin，這裡填寫的內容必須是相對路徑。也就是說如果你在 app/assets/stylesheets/admin.css 寫下了這樣的語法，會被載入的是 app/assets/stylesheets/admin.css 同層資料夾下的 admin 資料夾。若你在 {lib,vendor}/assets/stylesheets/ 新增 admin 資料夾，此處是引用不到的。如果你有在網路上看到像是「require_tree . 是將 {app,lib,vendor}/assets/{stylesheets,javascripts} 下的目錄、子目錄的檔案包進來」這種說法，那是錯的。

這樣的寫法雖然方便，但你得注意你無法控制 admin 資料夾下誰先載入，它是依照檔名排序決定順序的。

在剛剛的寫法裡面 h1{color: blue;} 始終出現在檔案的尾端。如果你有些引入順序的考量，例如希望先載入 admin.css 的內容，再載入 admin 資料夾的檔案，可以使用 require_self：

```
/*
= rquire_self
= require_tree ./admin
*/
/* app/assets/stylesheets/admin.css */
h1{color: blue;}
```

將 admin.css 的內容至頂

在介紹了以上各種 sprockets 的載入語法後，現在回頭來看看預設版型：

```
<!-- app/views/layouts/application.html.erb -->
…略…
<%= stylesheet_link_tag    'application', media: 'all',
'data-turbolinks-track' => true %>
<%= javascript_include_tag 'application', 'data-turbolinks-track' =>
 true %>
…略…
```

假如我們的 debug 模式保持關閉狀態，那麼這段程式碼會最後會輸出：

```
<link data-turbolinks-track="true" href="/assets/application.css"
 media="all" rel="stylesheet" />
<script data-turbolinks-track="true" src="/assets/application.js">
</script>
```

其中 /assets/ 開頭的路徑是抽象路徑，實際的檔案存放在 app/views/ {stylesheets,javascripts}/ 目錄裡面。預設 Rails 的版型會加上 data-turbolinks-track，用以避免該檔案在網頁換頁的時候重複解析該檔案。你應該也會注意到 application.{css,js} 並沒有和 admin.{css,js} 一樣在 config/initializers/assets.rb 被定義。那是因為這兩個檔案在 Rails assets pipeline 中是預設被納入的。

再來觀察其所引用的檔案內容：

```
// app/assets/javascripts/application.js
//= require jquery
//= require jquery_ujs
//= require turbolinks
//= require_tree .
```

此處的 require_tree . 表示載入「當前目錄」下的檔案。所以所有在 app/
assets/javascripts/ 下的檔案全部都會被載入，包括我們事後才加入 admin.js 與
more.js（但不包括 {lib,vendor}/assets/javascripts）。

而對於 jquery、jquery_ujs 與 turbolinks，我們並無法在 {app,lib,vendor}/
assets/javascripts/ 分別找到他們，這些 assets 是被存放在 gem 裡面的。當寫下
javascript_include_tag 的時候，若在當前專案目錄下找不到檔案，則會去 gem
裡面找。

而這些內建的 assets 來自 Gemfile 裡面的定義：

```
# Gemfile
gem 'jquery-rails'
gem 'turbolinks'
```

在 Rails 社群中有許多像這樣的 assets gem，你可以輕鬆地透過 Gemfile 的
定義，新增想要載入的函式庫：

```
# Gemfile
gem 'bootstrap-sass'
// app/assets/javascripts/application.js
//= require bootstrap-sprockets
```

為了方便後續的教學，我們將 pages controller 的預設版型改回 application.
html.erb：

```
# app/controllers/pages_controller.rb
class PagesController < ApplicationController
  # layout 'admin' 註解掉，讓頁面套用預設版型
  …略…
end
```

原始碼可見版型又恢復以往的樣子：

```
1  <!DOCTYPE html>
2  <html>
3  <head>
4    <title>Hello</title>
5    <link data-turbolinks-track="true" href="/assets/application.css" media="all" rel="stylesheet" />
6    <script data-turbolinks-track="true" src="/assets/application.js"></script>
7    <meta content="authenticity_token" name="csrf-param" />
8  <meta content="kDWwXCpgE3QIHMkPsYv75WEs6aZbYhe+3Hih7moq9D8=" name="csrf-token" />
9  </head>
10 <body>
11   <ul>
12     <li><a href="/">首頁</a></li>
13     <li><a href="/about">關於</a></li>
14     <li><a href="/math">樂透</a></li>
15   </ul>
16 <h1>歡迎來到首頁</h1>
17
18
19 </body>
20 </html>
21
```

但因為 application.css 中有使用 require_tree . ，所以 admin.css 與 admin/
資料夾也被跟著載入了，我們並不希望這樣。

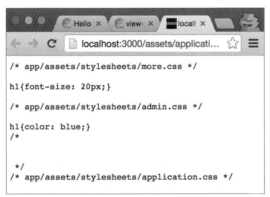

```
/* app/assets/stylesheets/more.css */

h1{font-size: 20px;}

/* app/assets/stylesheets/admin.css */

h1{color: blue;}
/*



*/
/* app/assets/stylesheets/application.css */
```

application.css 引入了不被希望載入的檔案

建議做點修改以避免載入不對的檔案，此例筆者是改為 ./app：

```
/* app/assets/stylesheets/application.css */
/*
 *= require_tree ./app
 *= require_self
 */
```

```css
li.active > a{
  font-size: 200%;
  color: red;
}

ul > li{
  display: inline;
}
```

4-4-6　assets 規劃

好的習慣是將函式庫放在 app/assets/ 以外的地方，例如使用 gem 或是放在 vendor/assets/。而真正會操作個別頁面的內容則是透過 require_tree 來載入，看起來會像這樣：

```javascript
// app/assets/javascripts/application.js
//= require library_1
//= require library_2
//= require library_3
//= require_tree .
```

其中 library_1、library_2、library_3 是來自 gem 或是 {lib,vendor}/assets/ javascripts/。這樣設計的理由是函式庫彼此之間有相依關係，使用 require_tree 並無法決定他們的載入順序。而頁面彼此間並沒有相依關係，載入一頁是一頁，不會有什麼先載入 A 頁才可以看到 B 頁的情形發生。所以像是 $('li.item') 這類操作頁面上的元素的程式碼，透過 require_tree 載入是不錯的作法。

有時候網站可能提供不同的版型，以我們剛剛的例子就是將網站分為前台與後台。這些版型的差異甚大以致使用的 JS、CSS 函式庫也許不盡相同，且一般訪客並無法瀏覽到後台，讓它們載入後台才需要的函式庫是不合理的。這時候就應該考慮新增檔案到 assets pipeline 裡面，以此例子就是 admin.js、admin.css。大部分情況下，保持一個版型一組 assets 的原則也是不錯的作法。

4-4-7 預編 assets 資源

我們可以透過 rake assets:precompile，將有納入到 assets pipeline 的檔案都封裝、壓縮到 public/assets/ 目錄下：

```
hello $ rake assets:precompile
... Writing .../admin-04bf3a5a48685ae9d23ad9e73ab24808.js
... Writing .../application-6d697e21bfcb26b37411ee64b1a633d3.js
... Writing .../admin-1e4743be1971067d3b99e24ee7901251.css
... Writing .../application-9279b6918408c6f290d84881b02688a7.css
```

以上總共納入了 4 個檔案，分別是預設的 application.{css,js} 與在 config/initializers/assets.rb 設定的 admin.{css,js}。

後面一整串的雜湊碼是由檔案內容算出來的，也就是說任何一個內容相同的檔案，應該要有相同的雜湊值。其中一個好處是避免當檔案有所更動時，因瀏覽器的快取導致訪客無法在瀏覽網站時載入最新的檔案。

這個指令通常不會在 development 環境中使用，而是在 production 環境。這是為了讓 public/ 下的檔案直接委託給 HTTP 伺服器管理，讓靜態檔案請求可以不用進入 Rails 就可以得到伺服器的回應，效能會比 sprockets 每次動態的產生 assets 要好上許多。

在這裡建議不妨觀察 config/environments/*.rb 中有關 assets 的設定，並且可以觀察在不同環境下執行這段指令（例：RAILS_ENV=production rake assets:precompile）的結果。有些設定會影響封裝後的檔案是否會壓縮，抑或是 stylesheet_link_tag 與 javascript_include_tag 這些 view helper 是否需要加上雜湊碼。

development 環境的 assets 相關預設值：

```
config.assets.debug = true
config.assets.raise_runtime_errors = true
```

production 環境的 assets 相關預設值：

```
# 將 public 資料夾的內容 交給 nginx/apache 服務
config.serve_static_assets = false
config.assets.js_compressor = :uglifier
# 即時編譯並提供抽象路徑，但有 precompile 後應該關掉這個功能
config.assets.compile = false
config.assets.digest = true # 是否產生雜湊碼
```

4-4-8 stylesheet_link_tag 用法整理

```
stylesheet_link_tag "style"
stylesheet_link_tag "style.css"
# <link href="/assets/style.css"
#       media="screen" rel="stylesheet" />

stylesheet_link_tag "http://www.example.com/style.css"
# <link href="http://www.example.com/style.css"
#       media="screen" rel="stylesheet" />

stylesheet_link_tag "style", media: "all"
# <link href="/assets/style.css"
#       media="all" rel="stylesheet" />

stylesheet_link_tag "style", media: "print"
# <link href="/assets/style.css"
#       media="print" rel="stylesheet" />

stylesheet_link_tag "random.styles", "/css/stylish"
# <link href="/assets/random.styles"
#       media="screen" rel="stylesheet" />
# <link href="/css/stylish.css"
#       media="screen" rel="stylesheet" />
```

4-4-9 javascript_include_tag 用法整理

```
javascript_include_tag "xmlhr"
# <script src="/assets/xmlhr.js"></script>

javascript_include_tag "template.jst", extname: false
# <script src="/assets/template.jst"></script>

javascript_include_tag "xmlhr.js"
# <script src="/assets/xmlhr.js"></script>

javascript_include_tag "common.javascript", "/else/cools"
# <script src="/assets/common.javascript"></script>
# <script src="/else/cools.js"></script>

javascript_include_tag "http://www.example.com/xmlhr"
# <script src="http://www.example.com/xmlhr"></script>

javascript_include_tag "http://www.example.com/xmlhr.js"
# <script src="http://www.example.com/xmlhr.js"></script>
```

4-5 指令彙整

指令	說明
rails g helper NAME	產生 helper
rake assets:precompile	將 assets 編譯到 public/assets 目錄

資料庫之旅

Ruby on Rails

資料庫的地位媲美網站的心臟，畢竟沒有內容就沒有訪客。目前世界主流的資料庫採用關聯式資料庫（RDBMS），而這一類的資料庫有統一的查詢語言 SQL。對於一個網站工程師的學習路徑來說，從學會 HTML、JS、CSS 加上一個後端程式語言之外，如果要脫離開發靜態網站，SQL 的學習是必經之路。

只不過 SQL 學習曲是緩慢的，例如以下這一個簡單的資料表格合併範例，往往可以嚇跑許多第一次看到的初學者。

```
SELECT posts.title, posts.content, users.name
FROM posts WHERE email = 'tonytonyjan@5xruby.tw'
  INNER JOIN users ON posts.user_id = user.id;
```

此外在多人網站開發時，程式碼的一致可使用 git、mercurial 一類的版本控制工具。但在資料庫方面，無論是與伺服器抑或與夥伴之間的 schema[20] 同步一直是麻煩的工作。沒有人會希望開發用資料庫與上線的資料庫是同一台，就算開發用資料庫分離開來，讓所有開發者共用同一台資料庫也不是個好主意。

本章節將會介紹 Rails 如何預設採用 ORM 與 Schema Migration 兩種不同的策略來克服這些問題。

5-1 物件關聯對映（ORM）

好在 Rails 其中一樣最令人稱道的設計是在關聯式資料庫的使用中採用了物件關聯對應物件關聯對映（Object-relational Mapping），在這個概念被提出來以前，網站開發者往往須熟習 SQL，並在伺服端用拼湊字串的方式組成詢問（query），如果是新手工程師，可能還會寫出 SQL 隱碼攻擊[21] 漏洞。

註**20** 指描述此資料庫的資訊，如各個資料表名稱、欄位名稱與欄位資料型態等資訊，而不包含儲存的資料本身。

註**21** SQL Injection，駭客的填空遊戲，過程是由訪客輸入的字串之中夾帶惡意 SQL 指令，誤導資料庫當作正常的 SQL 去執行。此攻擊可透過良好的程式習慣來防禦。

5-2 Active Record

Active Record 模式是由國際知名的軟體工程大師 Martin Fowler 於 2003 的「Patterns of Enterprise Application Architecture」書中提及，後來則是被廣泛地應用在 ORM 上，而 Rails 中使用的 gem 也與此同名。

關聯式資料庫是由多個表組成，一個表由多個列與欄組成，在 Active Record 設計下，關聯式資料庫與物件導向程式設計間的對應關係如下表所示：

物件導向	關聯式資料庫
類別（class）	表（table）
物件（object）	列（row）
屬性（attribute）	欄（column）

5-2-1 命名慣例

Active Record 利用了一些慣例去決定該類別應該對應到哪些資料庫中的表，靠的是將類別名稱轉成複數名詞，所以當有一個類別叫 Student，Rails 會去尋找資料庫中的 students 表。此外你不用擔心是否 Person 類別會對應到 persons 表，Rails 有一套機制去轉換這些單字，會讓 Person 對應到 people。如果是由兩個單字組成，類別遵守駱駝命名法 [22]，資料表則遵守蛇形命名法 [23]。

物件導向	關聯式資料庫
資料表	複數單字、蛇形命名法，例如 book_clubs
Model 類別	單數單字、駱駝命名法，例如 BookClub

註 **22** CamelCase，首字大寫，單字之間直接連接。
註 **23** snake_case，全部小寫，單字之間由底線連接。

以下列舉更多例子：

類別	資料表
Post	posts
LineItem	line_items
Deer	deers
Mouse	mice
Person	people

5-2-2 rails dbconsole

Rails 提供便於進入資料庫的指令，由於預設的資料庫使用 SQLite，輸入 rails dbconsole 可以進入 SQLite 的 SQL 命令介面。

為了更進一步了解 Active Record 的運作，先在 rails dbconsole 指令介面下使用 SQL 建立一張 posts 資料表：

```
CREATE TABLE posts(
  id INTEGER PRIMARY KEY,
  title TEXT,
  content TEXT
);
```

接著加上對應的 model 類別：

```
# app/models/post.rb
class Post < ActiveRecord::Base
end
```

這裡 Post 透過繼承 ActiveRecord::Base 會擴充許多的方法，且根據慣例 Post 會對應到 posts 表，並將每個欄位分別對應成 Post 的屬性。

5-2-3 rails console

rails console（可簡寫為 rails c）就是 irb 指令，唯一不同的是 rails console 會預先載入 Rails 環境，大多情況下會以此操作 model 類別。

試著在 rails console 裡面新增一篇文章：

```
$ rails console
irb(main)> Post.create title: 'hello', content: 'world'
=> #<Post id: 1, title: "hello", content: "world">
```

其實可以觀察到，當按下 Enter 的同時，可以在畫面上看到類似 SQL 的訊息，表示 Active Record 是在內部幫我們實際代送 SQL。這時不妨打開 rails dbconsole，可以看到 posts 資料表已經有了第一筆資料：

```
$ rails dbconsole
sqlite> select * from posts;
1|hello|world
```

建議在 rails console 持續輸入以下的程式碼，並觀察 Active Record 代送了哪些 SQL：

```
Post.count # => 1
post = Post.find(1)
# => #<Post id: 1, title: "hello", content: "world">
post.title # => "hello"
post.content # => "world"
post.content = 'rails'
post.save # => true
Post.all
```

除了 #create 之外，Post 也從 ActiveRecord::Base 繼承了許多好用的類別方法。如上所示，修改 posts 資料表的一筆資料，就像是在操作一個 Post 物件一樣，寫的只有 Ruby，沒有 SQL。並且 Post 的屬性根據 posts 表定義的欄位，也動態建立了 title 與 content 屬性。

類別/實體方法	說明
::count	回傳資料筆數
::find	用主鍵找，回傳 Post 物件
::all	回傳 Post 物件陣列[24]
#save	將物件回寫到資料表
#destroy	刪除資料

5-2-4 CRUD[25] 操作

Active Record 除了使對資料庫的讀寫可以像是操作物件一樣容易，對於一些 SQL 的指令（如 SELECT、WHERE、ORDER 等），是可以透過方法鍊接（method chaingin）的方式去逐一疊加效果。可從以下示範程式碼中看出用法：

☪ Create - 新增

```
# 使用 #create
post = Post.create title: 'hello', content: 'world'

# 使用 #new 與 #save
post = Post.new # 僅創造物件，不會寫入資料庫
post.title   = 'hello'
post.content = 'world'
post.save # 將物件回寫到資料庫
```

註 **24** 類似陣列，但確切來說不是陣列，如果用 Post.all.class 檢查，會得到 Post::ActiveRecord_Relation，不過這個物件有 #each 方法，使用上和陣列沒什麼差別。

註 **25** CRUD 是對資料最基本的四個操作：Create、Read、Update、Delete。

☾ Read - 檢索

```
posts = Post.all        # 取得所有文章
post  = Post.first      # 取得第一篇文章
post  = Post.find(1)    # 取得主鍵為 1 的文章

# 尋找標題是 hello 的文章
post  = Post.find_by(title: 'hello')

# 尋找所有標題是 hello 的文章，並按照新增 id 降冪排序
posts = Post.where(name: 'hello').order('id DESC')
```

☾ Update - 更新

```
# 使用 #save
post = Post.find(1)
post.title = 'new title'
post.save # 回寫到資料庫

# 使用 #update
post = Post.find_by(title: 'new title')
post.update(title: 'new new title')

# 更新所有資料
Post.update_all genre: 'life'

# 局部更新所有資料，例如把所有分類為 rails 的文章
# 改為 ruby on rails
Post.where(genre: 'rails').update_all(genre: 'ruby on rails')
```

☾ 刪除

```
# 刪除單筆資料
post = Post.find_by(title: 'new new title')
post.destroy

# 刪除所有資料
Post.destroy_all
```

5-2-5 設定資料庫

Rails 預設的資料庫使用 SQLite，若要換到別的資料庫，可以在 config/database.yml 做設定，新生的 Rails 專案預設設定如下：

```
default: &default
  adapter: sqlite3
  pool: 5
  timeout: 5000
development:
  <<: *default
  database: db/development.sqlite3
test:
  <<: *default
  database: db/test.sqlite3
production:
  <<: *default
  database: db/production.sqlite3
```

可用的設定：

設定	功能
adapter	adapter gem[26]，例如 mysql2、sqlite3、postgresql 等
host	主機
database	資料庫名稱
encoding	資料庫編碼
timeout	連線逾時
pool	連線數
username	登入帳號
password	登入密碼

資料庫連線的是由 adapter gem 提供統一的介面，這樣的設計使得在大部分的情況下，對一個 Rails 網站抽換別種資料庫時，只要修改 config/database.yml adapter 部分即可，程式碼可完全不用修改。

註 **26** 雖然大多人會把 adapter 包裝成 gem，但確切來說不一定得是 gem，Rails 原始碼是 require "active_record/connection_adapters/#{spec[:adapter]}_adapter"，只要確保 RUBYLIB 搜尋路徑中有該檔案即可。

　　Rails 可依照不同的環境連接不同的資料庫，這裡共定義了三種。就常識來說，開發（development）、測試（test）、與上線（production）網站的連接資料庫不應該是同一個才是安全的。我們可以透過參數來決定 Rails 應該以哪種環境啟動：

```
rails s -e production
```

　　或者使用 RAILS_ENV 環境變數：

```
RAILS_ENV=production rails s
```

　　不同啟動環境也決定了 Rails 會在 config/environments/*.rb 執行相對應的設定檔，以便於在不同環境有不同的設定，例如在 development 模式下要將 debug 相關的設定開啟，而在 production 環境則有一些優化速度的選項，建議不妨打開這些檔案來觀察。

　　以下是一個 MySQL 設定的範例：

```
development:
  adapter: mysql
  encoding: utf8
  database: blog_development
  pool: 5
  username: root
  password:
  socket: /tmp/mysql.sock
```

5-3 資料庫遷移

資料庫遷移（Schema Migration）是一種能將資料庫資訊（schema）納入版本控制的管理方式，讓 schema 可以往前推進，也可以逆回去，通常被應用在開發階段。這樣做的其中一個好處是能夠確保開發者們 schema 是一致。

過去在開發網站時，如果需要調整 shema（例如在資料庫上新增一張表，或在某一張表上新增欄位），會直接下 SQL 指令。但這樣的方式若實行許久，未來哪天因為什麼因素想退回去資料庫某一個時間點的樣貌，恐怕沒有什麼人可以記得起來；又或者你正在和一票人開發同一個專案，但是每次動到資料庫的時候，總是需要傳訊給所有人，告訴他們你新增了什麼表、什麼欄抑或換了什麼名字。

於是後來開發者們衍生出一種管理方式，也就是「資料庫遷移」（Schema Migration）。這個概念並非 Rails 特有的，Rails 會針對面臨的問題採用主流的解決方案，並將其整合進自己架構的部分，而資料庫遷移也是其中一個。

具體的作法是：每次變更資料庫時，開發者要自行寫一份遷移檔，並將其與應用程式的原始碼一起納入版本控制中（例如 git），讓其他開發者在下一次 pull 時可以取得。這份遷移檔必須包含一個流水號（可作為版本號之用，通常是當下時間）、本次變更（順行）的 SQL，以及回滾（逆行）的 SQL。舉例若開發者想在資料庫中新增一張表，變更的部分就是新增表，而回滾的部分就是刪除表；若變更的部分是將表 posts 改為 articles，則回滾的部分就是 articles 改為 posts。如此當其他開發者取得最新的原始碼後，只要執行遷移檔即可和其他開發者的資落庫同步，省去溝通的時間。

問題剩下面對多個遷移檔時，該如何搞清楚哪些已執行過，以及還沒執行過的遷移檔該依什麼順序執行。對此資料庫尚需有一張資料表來紀錄遷移檔的流水號（常命名為 schema_migrations），這張表上只有一個 version 欄位，被執行過的遷移檔的流水號，都會被紀錄在這張表上。而尚未執行的遷移檔可以依照他們自帶的流水號來確認執行順序。

注意這個方法不代表可以將資料庫的內容備份，被版本控制的只有 schema，而不是內容。例如將 schema 逆回時，若此舉是要刪除一張資料表，那再重新推進，雖然資料表重新被建造，但裡頭的資料是不會復原的。此外將資料庫中的資料納入版本控制將會佔用大量的空間，並不是什麼明智的作法，也沒有人這麼做。

5-3-1 新增遷移檔

Rails 有提供遷移檔產生器，使用方式為 rails g migration 敘述本次更動，產生的檔案會自動將當下時間放進檔名，做為該遷移檔的版本號：

```
$ rails g migration modify_posts
     invoke   active_record
     create   db/migrate/20141209134930_modify_posts.rb
```

編輯剛剛產生的檔案，新增一個整數欄位 view_count 到 posts 表：

```
# db/migrate/20141209134930_modify_posts.rb
class ModifyPosts < ActiveRecord::Migration
  def change
    add_column :posts, :view_count, :integer
  end
end
```

透過 rake db:migrate 執行遷移檔：

```
$ rake db:migrate
== TIMESTAMP ModifyPosts: migrating ========================
-- add_column(:posts, :view_count, :integer)
   -> 0.0031s
== TIMESTAMP ModifyPosts: migrated (0.0032s) ==============
```

畫面上會出現本次遷移做了什麼，至此 posts 表已經成功新增了 view_count 欄位。可以透過 rails dbconsole 進入 SQLite 的指令介面驗證，若看得到 view_count 就表示成功：

```
$ rails dbconsole
SQLite version 3.8.5 2014-08-15 22:37:57
Enter ".help" for usage hints.
sqlite> .schema posts
CREATE TABLE "posts"
  ("id" INTEGER PRIMARY KEY AUTOINCREMENT NOT NULL,
  "title" text,
  "content" text,
  "view_count" integer);
```

另外我們可以看見資料庫多了一個 schema_migrations 的表，且只有一個
version 欄位。這是用來紀錄遷移檔的版本號以得知目前遷移的進度，而目前
我們只有遷移過一次，所以裡面只有一筆資料：

```
sqlite> .tables
posts              schema_migrations
sqlite> .schema schema_migrations
CREATE TABLE "schema_migrations"
  ("version" varchar(255) NOT NULL);
CREATE UNIQUE INDEX "unique_schema_migrations"
  ON "schema_migrations" ("version");
sqlite> SELECT * FROM schema_migrations;
20141209134930
```

不過每次這樣透過 rails dbconsole 來查看版本難免麻煩，Rails 有提供一個
方便的指令，可以根據資料庫 schema_migrations 表的內容，與 db/migrate/ 下
的遷移檔輸出目前的遷移狀況：

```
$ rake db:migrate:status

database: /your/app/path/db/development.sqlite3

 Status   Migration ID    Migration Name
--------------------------------------------------
   up     20141209134930  Modify posts
```

　　其中 up 表示該遷移檔已經執行過，下一次的 rake db:migrate 並不會執行
這個遷移。我們再新增一個遷移檔，將 view_count 改為 views：

```
$ rails g migration rename_view_count_in_posts
  invoke   active_record
  create   db/migrate/TIME_rename_view_count_in_posts.rb
```

　　用 rename_column 重命名：

```
# db/migrate/20141210141845_rename_view_count_in_posts.rb
class RenameViewCountInPosts < ActiveRecord::Migration
  def change
    rename_column :posts, :view_count, :views
  end
end
```

　　再遷移之前，不妨再看一下遷移進度中多了一個 down 的項目，表示目前
有尚未執行的遷移檔：

```
$ rake db:migrate:status

database: /your/app/path/db/development.sqlite3

 Status   Migration ID    Migration Name
--------------------------------------------------
   up     20141209134930  Modify posts
  down    20141210141845  Rename view count in posts
```

　　再遷移一次：

```
$ rake db:migrate
== TIMESTAMP RenameViewCountInPosts: migrating ============
-- rename_column(:posts, :view_count, :views)
   -> 0.0106s
== TIMESTAMP RenameViewCountInPosts: migrated (0.0107s) ===
```

狀態顯示已經沒有任何的擱置的遷移檔：

```
$ rake db:migrate:status

database: /your/app/path/db/development.sqlite3

 Status   Migration ID    Migration Name
--------------------------------------------------
   up     20141209134930  Modify posts
   up     20141210141845  Rename view count in posts
```

5-3-2 版本回滾

若發現遷移的 schema 不如預期，可以用 rake db:rollback 回滾到最後一個遷移檔。以此例可以從輸出的訊息看到原本的 views 又被改回了 view_count：

```
$ rake db:rollback
== TIMESTAMP RenameViewCountInPosts: reverting ============
-- rename_column(:posts, :views, :view_count)
   -> 0.0117s
== TIMESTAMP RenameViewCountInPosts: reverted (0.0146s) ===
```

可以加上 STEP 環境變數來控制回滾幾個版本，例如：

```
$ STEP=3 rake db:rollabck
```

5-3-3 遷移指令

剛剛範例中隻字未寫到半點 SQL，取而代之的是可讀性高的程式碼（例如 add_column）。這會讓遷移檔看起來容易閱讀，實際執行 SQL 的是這些程式碼背後的實作，我們只需要熟習所提供的介面就可以輕鬆更動資料庫。

Rails 遷移指令定義在 ActiveRecord::ConnectionAdapters::SchemaStatements，常用到的有：

指令	說明
add_column(table, column, type)	新增欄
add_index(table, column)	新增索引，會以 table_column_index 命名
add_timestamps(table)	新增 created_at 和 updateed_at 欄
change_column(table, column, type)	修改欄
create_table(table)	新增表
drop_table(table)	刪除表
remove_column(table, column)	刪除欄
remove_index(table, column)	刪除索引
remove_timestamps(table)	刪除 created_at 與 updated_at 欄
rename_column(table, old_name, new_name)	重新命名欄
rename_index(table, old_name, new_name)	重新命名索引
rename_table(table, new_name)	重新命名表

　　以上大多方法第一個參數都是資料表的名稱，後面接著欄位。此表簡化了參數並省略最後一個 Hash，這個參數在不同的方法有不同的使用方式，在此不贅述，但以下舉一例參考：

```
# 使該欄位在資料庫不可是 NULL，且預設為 0
add_column :posts, :views, :integer, null: false, default: 0
```

5-3-4 change、up 與 down

上述提到資料庫遷移的管理方式,是藉由多個有序遷移檔的「變更」與「回滾」兩個部分的程式碼來控制 schema 版本。而 Rails 遷移檔的使用,則是將這兩部分的程式碼分別寫在 #up 和 #down 兩個方法中。事實上,在 posts 表新增 view_count 欄位的遷移檔可以改寫如下:

```
# db/migrate/20141209134930_modify_posts.rb
class ModifyPosts < ActiveRecord::Migration
  # def change
  #   add_column :posts, :view_count, :integer
  # end

  # 等同於以下寫法
  def up
    add_column :posts, :view_count, :integer
  end

  def down
    remove_column :posts, :view_count
  end
end
```

事實上這也是 Rails 早期版本的寫法,#change 是 Rails 後期加入的新功能。只要在裡面使用特定的遷移指令,Rails 就會聰明的知道該怎麼回滾。這麼做是因為有些「回滾」是可以透過「變更」的內容去推測出來的(例如新增欄位,反過來就是刪除欄位)。除非遷移會變更的內容較為複雜,否則開發者並不需要自己撰寫回滾的部分。

可被 Rails 自動回滾的指令包括:add_column、add_index、add_timestamps、create_table、create_join_table、remove_timestamps、rename_column、rename_index、rename_table。

5-3-5 Model 產生器

剛剛徒手所做的一切是可以簡化為一行的指令。Rails 提供便利的產生器可以一次產生遷移檔與相對應的 model 檔，使用方式為：

```
$ rails generate model NAME [field[:type][:index] ...]
```

參數	說明
NAME	model 名稱，單數型態；蛇形或駱駝命名皆可
field	資料表的欄位名稱
type	資料型態，預設是 string
index	該欄位是否建立索引

支援的資料型態：

資料型態	說明
primary_key	主鍵
string	短字串（255）
text	長字串
integer	整數
float	浮點數
decimal	高精浮點數
datetime	時間日期（字串）
timestamp	UNIX 時間（數字）
time	時間
date	日期
binary	二進位資料
boolean	布林值
json	JSON 字串，PostgreSQL 專有
hstore	類似 Ruby 的 Hash，只能使用一層；PostgreSQL 專有

例如我們會需要一個資料表用來存放使用者的資料，有姓名、信箱與介紹欄位，可以透過指令同時產生遷移檔與 model 檔。建議不妨都打開來看看產生的程式碼與自己先前寫的有什麼不一樣：

```
$ rails g model user name email about:text
     invoke  active_record
     create    db/migrate/20141211091418_create_users.rb
     create    app/models/user.rb
```

產生遷移檔並不會改變資料庫，需要再遷移一次：

```
$ rake db:migrate
== TIMESTAMP CreateUsers: migrating =======================
-- create_table(:users)
   -> 0.0035s
== TIMESTAMP CreateUsers: migrated (0.0035s) =============
```

接著我們進入 rails console，除了 Post 之外，已有 User 可以使用：

```
User.count # => 0
user = User.create name: 'tony', email: 'tony@5xruby.tw',
                  about: '嘉義人'
user.id    # => 1
User.count # => 1
user.name  # => "tony"
```

5-4 資料驗證 - Validation

資料庫管理常面臨保持資料一致（consistency）的問題。如有的值是 NULL 時，程式處理從資料庫提出的資料時常需要小心這些空值。若程式是做字串處理，則更要再多一道驗證資料格式是否合法的手續。

當然我們可以透過撰寫大量的程式判斷邏輯讓網站更加堅固，使其不會因為處理不合法的值而出錯；但更有效率的作法是在寫入資料庫時確保欄位中的值都是合法的，這能大幅減輕開發上的痛苦。例如新增 email 欄位時，在 SQL 指令中加上 NOT NULL 確保一定有資料，之後程式提值時就可以省下判斷空值的邏輯，因為我們知道資料一定存在。在一些比較先進的 RDBMS 如 PostgreSQL 甚至可以限制欄位必須為 JSON 格式。

不過當 SQL 的指令無法滿足需要（事實上實戰中大部分都無法滿足），就需要從應用層著手資料的驗證。例如規定 password 欄位需要七個字以上或限制字元、email 欄位必須是合法的信箱格式、username 不能使用 admin 或 root 這些名字等。

不過這些功能可以不費力地在 Active Record 做到。因包含（include）了 ActiveModel::Validations module，它提供許多常見的驗證邏輯方法。

5-4-1 使用 validates

設定限制文章標題必須不能是空的：

```
# app/models/post.rb
class Post < ActiveRecord::Base
  validates :title, presence: true
end
```

如果標題與內容都不能是空的，validates 可接受複數個欄位名稱當參數：

```
# app/models/post.rb
class Post < ActiveRecord::Base
  validates :title, :content, presence: true
end
```

打開 rails console 測試效果：

```
post = Post.new
post.save # => false
post.id   # => nil
post.title   = 'hello'
post.content = 'world'
post.save # => true
```

#save 會回傳布林值，可以此判斷物件是否成功回寫到資料庫。如果單純想知道資料是否合法，可以直接使用 #valid?。其他用於判斷的相關實體方法如下：

實體方法	說明
#valid?	資料是否合法，#save 時會做的事
#new_record?	是否為新物件（沒有寫入資料庫）
#persisted?	是否已存在資料庫

5-4-2 取得錯誤訊息

當物件沒有通過驗證，相關錯誤訊息會放在 ActiveModel::Errors 物件裡，可以透過 #errors 取得該物件。常用到的方法如下：

Errors 的實體方法	說明
#messages	以屬性名稱為鍵，錯誤訊息為值的 Hash
#full_messages	字串陣列
#[]	針對指定屬性的錯誤訊息做顯示

實際使用方式：

```
post = Post.create
post.valid? # => false
post.errors.messages
# => {:title=>["can't be blank"],
#     :content=>["can't be blank"]}
post.errors.full_messages
# => ["Title can't be blank", "Content can't be blank"]
post.errors[:title]
# => ["can't be blank"]
```

5-4-3 內建的驗證方法

Rails 內建的驗證方法都放在 ActiveModel::Validations::HelperMethods 下，以下列舉常見的使用方式：

```ruby
# 必須為 `true`，例如要讓使用者勾選同意使用條款時使用
validates :terms, acceptance: true

# 會確認 `屬性名_confirmation` 是否與之相同
validates :password, confirmation: true
# 此例使用者儲存時 `password` 必須與 `password_confirmation` 相等

# 範圍之外
validates :username, exclusion: {in: %w[admin superuser]}
# 範圍之內
validates :age, inclusion: {in: 0..9}

# 正規表達式
validates :email, format: {
  with: /\A([^@\s]+)@((?:[-a-z0-9]+\.)+[a-z]{2,})\z/i
}

# 字串長度
validates :first_name, length: {maximum: 30}

# 必須是數字
validates :age, numericality: true
# 數字必須大於 20
validates :age, numericality: {greater_than: 20}

# 不能為空質
validates :username, presence: true
# 不能重複
validates :username, uniqueness: true
```

5-4-4 自訂驗證方法

如果上述的內建方法都無法滿足，可使用 validate 自訂驗證方式。有兩種方式，第一種為 block 風格：

```
# app/models/post.rb
class Post < ActiveRecord::Base
  validates :title, :content, presence: true
  validate do
    unless title.to_s.start_with? 'X'
      errors.add(:title, 'must start with "X"')
    end
  end
end
```

打開 rails console，如果已經開啟則直接輸入 reload! 重新載入。嘗試儲存空的 Posot 物件時，可以看到 title 屬性多了一個錯誤訊息：

```
Post.create.errors[:title]
# => ["can't be blank", "must start with \"X\""]
```

第二種比較優雅的作法是使用實體方法：

```
# app/models/post.rb
class Post < ActiveRecord::Base
  validates :title, :content, presence: true
  validate :title_must_start_with_x

  def title_must_start_with_x
    unless title.to_s.start_with? 'X'
      errors.add(:title, 'must start with "X"')
    end
  end
end
```

人在閱讀程式碼是由上往下看，重要的訊息會放在上面，接著才是瑣碎的訊息。以剛剛的程式碼來看，重要的訊息是「這個 model 會驗證標題是 X 開頭」，瑣碎的訊息是「驗證的實作過程」。其實只要閱讀前面 3 行就可以知道這個 model 會驗證 title、content 的存在，以及查看是否 title 是否為「X」開頭。這能提高程式碼的閱讀性，撰寫者不用多餘的註解去解釋這段驗證在做什麼，而接手的人也不用花多餘的時間閱讀實作內容。

如果你覺得 title_must_start_with_x 還不夠清楚，由於 Ruby 支援中文，你也可以這麼做：

```ruby
# app/models/post.rb
class Post < ActiveRecord::Base
  validates :title, :content, presence: true
  validate :開頭必須是X

  def 開頭必須是X
    unless title.to_s.start_with? 'X'
      errors.add(:title, 'must start with "X"')
    end
  end
end
```

好處是在相同的訊息量之下，用中文表達會比英文表達來的簡短。也許你可以透過這個方式縮短你實體方法的名稱，壞處是只有懂中文的人能接手這段程式碼，且不是每個人都能接受英文以外的文字出現在程式碼裡面，筆者建議這麼做以前請先和你的夥伴們商量。

5-4-5　中文錯誤訊息

有時候會因為編碼的問題導致無法正常顯示中文編碼的錯誤訊息，這可能跟每個人的環境有關。如果你不幸的遇到這個問題，請嘗試在檔案開頭加上一段魔法註解（magic comment），並且重載入 rails console：

```ruby
# encoding: UTF-8
# app/models/post.rb
class Post < ActiveRecord::Base
  validates :title, :content, presence: true
  validate :title_must_start_with_x

  def title_must_start_with_x
    unless title.to_s.start_with? 'X'
      errors.add(:title, '必須是「X」開頭') # UTF-8 編碼
    end
  end
end
```

5-5 回呼 - Callback

也許使用者沒有這麼聰明到可以按照我們制定的規則，來輸入正確格式的資料，例如他們總是只有輸入文章標題，內容則留空導致無法儲存。不能老怪使用者，也許我們的服務能更聰明一點。在資料寫入資料庫之前，先將使用者的輸入做一些處理，這時就需要用到回呼。

這方法也不是 Rails 的特產，callback 技巧被廣泛應用在各種語言（如 JavaScript）與設計模式（觀察者、策略、訪問者等）中，旨在底層程式碼執行過程中會呼叫在高層定義的程式。

Active Record 使用不同實體方法時，會依序調用的回呼方法：

#create	#updat	#destroy
before_validation	before_validation	before_destroy
after_validation	after_validation	around_destroy
before_save	before_save	after_destroy
around_save	around_save	
before_create	before_update	
around_create	around_update	
after_create	after_update	
after_save	after_save	

這些回呼方法與 validate 的用法一樣，可以採用 block 風格，也可以額外定義實體方法。以下採用後者，設定為當物件在執行驗證動作之前，先執行 set_content_from_title：

```ruby
# app/models/post.rb
class Post < ActiveRecord::Base
  validates :title, :content, presence: true
  before_validation :set_content_from_title
```

```
  def set_content_from_title
    self.content = title if content.blank?
  end
end
```

接著在 rails console 測試，可見到 content 屬性被自動填入 title 的內容：

```
post = Post.create title: 'haha'
# => #<Post id: 3, title: "haha",
#               content: "haha", views: nil>
```

回呼可以應用的範圍很廣，除了以上示範的資料前處理（preprocess）外，在資料刪除後清空快取、或資料儲存後建立其他 model 的關聯等都會用到回呼。

5-6 資料關聯 - Association

假如我們有個需求是需要在文章上新增作者的資料，那麼以下的示範就是一個不良的設計：

id	title	content	view_count	author_name	author_intro	autbor_birth
1	Hello	World	12	大兜	工程師	1989-11-23
2	測試	文章	1	大兜	工程師	1989-11-23
3	洗洗	睡了	9	大兜	工程師	1989-11-23

每一篇文章都有重複的作者資料，這樣的設計雖然直覺，但除了造成空間的浪費之外，當需要修改作者資料時或是置換作者時會變得難以執行。

在關聯式資料庫中，表與表之間的關聯透過外鍵（foreign key）來建立。經過第二正規化 [27]，新的設計會變成如下兩張表，其中 user_id 是外鍵：

posts 表

id	title	content	view_count	user_id
1	Hello	World	12	1
2	測試	文章	1	1
3	洗洗	睡了	9	1

users 表

id	name	intro	birth_date
1	大兜	流浪工程師	1989-11-23
2	大雄	最強小學生	1964-8-7
3	小夫	勝利組	1964-2-29

只要透過 JOIN 系列的 SQL 指令，可以輕易取得文章的作者，抑或反過來取得某個作者的所有文章。

在 Rails 的 CoC 哲學中，外鍵的命名規則是 資料表單數型態 _id，例如 users 表對應的外鍵是 user_id。只要遵守這個命名習慣，就可以輕易在 Active Record 中設定 model 之間的關聯。

註27 是一種資料庫 schema 設計的理論，用以減少重複的資料和增加資料的一致性。最早由關聯模型發明者 Edgar Codd 提出，於 1970 初發表了第一、第二和第三正規化。

5-6-1　一對多

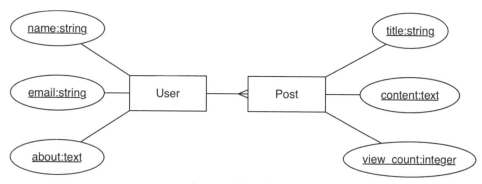

Post 與 User 的個體關係模型

一篇文章只屬於一個使用者，而使用者可以有很多篇文章。根據此定義，得在 posts 表上建立一個 user_id 外鍵，我們可透過指令產生需要的遷移檔：

```
$ rails g migration add_user_id_to_posts user:references
    invoke  active_record
    create      db/migrate/TIMESTAMP_add_user_id_to_posts.rb
# db/migrate/20141215123711_add_user_id_to_posts.rb
class AddUserIdToPosts < ActiveRecord::Migration
  def change
    add_reference :posts, :user, index: true
  end
end
```

這裡有兩個新東西：

1. rails g migraiton 後面多了一個 user:references 參數

2. 產生的遷移檔已經自動產生了預設內容。

你現在看到的是 Rails 遷移檔的命名技巧之一，是後來加入的功能。鑑於大多數的 schema 更動屬於新增、刪除欄位，對此 Rails 提供了兩種方便的命名規則，讓開發者不用自己寫遷移檔，其定義欄位的方式與 rails g model 一樣：

```
rails g add_XXX_to_資料表      [field[:type][:index] ...]
rails g remove_XXX_from_資料表 [field[:type][:index] ...]
```

而 user:references 並非資料庫提供 references 資料型態，它等於 user_id:integer:index，意即在資料表上新增整數欄位並建立索引。只是這種寫法有別於 add_reference 的用法，產生的遷移檔也會比較瑣碎一點：

```
def change
  add_column :posts, :user_id, :integer
  add_index :posts, :user_id
end
```

☪ 建立關聯

在 User 與 Post 設定關聯，各加上一行：

```
# app/models/user.rb
class User < ActiveRecord::Base
  has_many :posts # 加上 posts 的關聯
end
# app/models/post.rb
class Post < ActiveRecord::Base
  belongs_to :user # 加上 user 的關聯
  # 下略驗證相關的程式碼
end
```

☪ 關聯方法

舉例來說，在沒有設定關聯以前，如果要找出個別使用者所寫的文章，抑或某篇文章的作者，必須寫出這樣的程式碼：

```
tony, post = User.find(1), Post.find(1)
tony_posts = Post.where(user_id: tony.id)      # 取得 tony 的文章
the_author = User.find(post.user_id)           # 取得 post 的作者
```

這樣可以達到一樣的目的，只是如此除了不夠直觀也不容易閱讀，寫起來還是有 SQL 的影子，而不是在操作物件。但經過了 Active Record 的關聯指令的擴充之後，可以這麼寫：

```
tony, post = User.find(1), Post.find(1)
tony_posts = tony.posts # 等於 Post.where(user_id: tony.id)
the_author = post.user  # 等於 User.find(post.user_id)
```

建議打開 rails console 練習上述的範例，並觀察其代送的 SQL，會更了解 Active Record 做了什麼。

可以看到新的寫法感覺就像是在操作物件一樣，也比較直觀、易讀。 User#posts 回傳了一個集合，Post#user 回傳了單一物件，而這些方法是由 has_many 與 belongs_to 擴充而來。且由 has_many 擴充得到的 User#posts 方法與 Post 類別有諸多相同的方法可以使用：

```
tony = User.find(1)
# 找出作者為 tony 、標題為 hello 的文章
Post.where(title: 'hello', user_id: tony.id)
# 等於
tony.posts.where(title: 'hello')

# 產生作者為 tony 的文章物件
# 以下三種寫法是一樣意思
Post.new title: 'hello', user_id: tony.id
Post.new title: 'hello', user: tony
tony.posts.new title: 'hello'
# => #<Post id: nil, title: "hello", content: nil,
#          views: nil, user_id: 1>
# Note: 試試看 #create
```

當需要更新關聯的時候，可以直覺得使用賦值的方式：

```
# 當修改文章的作者時
jason = User.find_by(email: 'jason@example.com')
post.user = jason
post.save
# 也可以用 #update
post.update user: jason

# 當修改作者的文章時
tony.psots = [Post.find(1), Post.find(2)]
tony.posts = Post.find(1,2)
tony.posts = Post.where(genre: 'ruby')
```

5-6-2 多對多

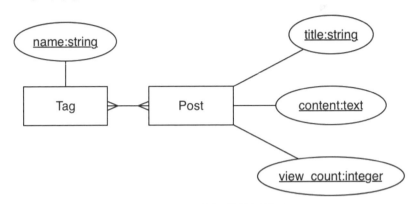

Post 與 Tag 的個體關係模型

一篇文章有許多的標籤,一個標籤可以找到許多文章。這種多對多的關聯並無法在 posts 表或是 tags 表上加個外鍵即可解決。正確的解法是在兩者之間新增一個關聯表,存放兩個外鍵,內容看起來會像下列的表:

tags 與 posts 的關聯表

tag_id	post_id
1	2
1	3
2	1
2	4

先產生 Tag model,賦予一個 name 欄位:

```
$ rails g model Tag name
    invoke   active_record
    create     db/migrate/20141217121755_create_tags.rb
    create     app/models/tag.rb
```

接著產生關聯表的遷移檔：

```
$ rails g migration tags_join_table tags posts
  invoke   active_record
  create      db/migrate/TIMESTAMP_tags_join_table.rb
```

這裡用到了 Rails 另外一個產生遷移檔的技巧，與上述的新增、刪除欄位不同。只要遷移檔命名含有 join_table（或 JoinTable，如果是駱駝命名），後面接著兩個資料表的名字當參數，產生的遷移檔會自動補完相關程式碼，裡面有些註解，可以依照需求決定是否順便建立索引：

```
# db/migrate/20141217121903_tags_join_table.rb
class TagsJoinTable < ActiveRecord::Migration
  def change
    create_join_table :tags, :posts do |t|
      # t.index [:tag_id, :post_id]
      # t.index [:post_id, :tag_id]
    end
  end
end
```

上述的遷移檔會產生 posts_tags 表，名字產生是用 String#< 去排序兩個表的字串，所以不會有因下指令的參數順序而導致發生 tags_posts 表錯誤的情況，同時這張表也含有 post_id 與 tag_id 外鍵。

最後再執行遷移：

```
$ rake db:migrate
== TIMESTAMP CreateTags: migrating ======================
-- create_table(:tags)
   -> 0.0042s
== TIMESTAMP CreateTags: migrated (0.0042s) =============

== TIMESTAMP TagsJoinTable: migrating ===================
-- create_join_table(:tags, :posts)
   -> 0.0008s
== TIMESTAMP TagsJoinTable: migrated (0.0008s) =========
```

☪ 建立關聯

```
使用 has_and_belongs_to_many 來設定關聯：
# app/models/tag.rb
class Tag < ActiveRecord::Base
  has_and_belongs_to_many :posts # 加上這行
end
# app/models/post.rb
class Post < ActiveRecord::Base
  has_and_belongs_to_many :tags # 加上這行
  belongs_to :user
  # 下略驗證相關的程式碼
end
```

☪ 關聯方法

多對多的設定相對於一對多，只有在設定時不同，其餘使用方式皆與 has_many 所得到的效果一樣。以下示範部分用法，建議打開 rails console 練習：

```
# 先建立一些標籤
Tag.create name: 'ruby'
Tag.create name: 'rails'
Tag.create name: 'life'
# 也可以這樣寫
Tag.create [{name: 'ruby'}, {name: 'rails'}, {name: 'life'}]

the_post, the_tag = Post.first, Tag.find_by(name: 'life')
the_post.tags        # 取得第一篇文章的所有標籤
the_tag.posts        # 取得有 life 標籤的文章
the_post.tags.new # 從文章產生標籤物件
the_tag.posts.new # 從標籤產生文章物件
```

5-6-3 突破慣例

「如果資料庫沒有按照 Rails 的習慣命名呢？」

這是許多學習 Rails 的人都會有的疑惑，要記住 Rails 的哲學是「慣例優於設定」，並不是「只有慣例，沒有設定」。即便命名與 model 名稱不一致，也可以透過「設定」將每個 model 個別對應到資料表。

☾ 當資料表名稱不一致

可以透過 table_name 設定，例如新增 Article model 使其對應到 posts 表：

```
# app/models/article.rb
class Article < ActiveRecord::Base
  self.table_name = :posts
  # 如果省略 self 寫成 table_name = :posts
  # 會被當成定義一個區域變數
  belongs_to :user
end
```

☾ 當外鍵名稱不一致

如果覺得 Post#user 不夠直覺，想要換成更容易懂的 Post#author 來取代，由於並不存在 Author model，外鍵也不叫 author_id，我們要做一些額外的設定讓 belongs_to 知道該怎麼對應到 User model：

```
# app/models/post.rb
class Post < ActiveRecord::Base
  belongs_to :author, class_name: 'User',
              foreign_key: :user_id
  # class_name 預設是 Author，foreign_key 預設是 author_id
  # 下略程式碼
end
```

接著打開 rails console，Post 已經可用 author 實體方法取得 User 物件：

```
post = Post.first
# => #<Post id: 1, title: "hello",
#           content: "world", views: nil, user_id: 1>
post.author
# => #<User id: 1, name: nil,
#           email: "tony@5xruby.tw", about: "流浪工程師">
```

User#posts 想改成 User#writings 也是類似的設定方式：

```
# app/models/user.rb
class User < ActiveRecord::Base
  has_many :writings, class_name: 'Post'
  # class_name 預設是 Writing，
  # 但沒有這個 model，所以要特別設定
  # 不用設定 foreign_key 是因其參照的是
  # class_name，而不是方法名
  # 所以此處會是 post_id，而不是 writing_id，
  # 跟 belongs_to 參照方式不同
end
```

☪ 當資料庫不一致

也許網站用到了多個資料庫，不同 model 需要連接不同的資料庫（例如特別把使用者資料庫獨立出來）。Rails 對資料庫的連線設定參照的是 config/database.yml，如果有多個資料庫，也需要個別在此檔案中設定，以下示範：

```
user_database_development:
  <<: *default
  database: db/user_database_development.sqlite3
user_database_production:
  <<: *default
  database: db/user_database_production.sqlite3
```

接著在 model 透過 establish_connection 即可設定連線資料庫：

```
# app/models/user.rb
class User < ActiveRecord::Base
  establish_connection "user_database_#{Rails.env}"
  # Rails.env 會回傳環境字串，
  # 例如 "development"、"production" 等。
  has_many :posts
end
```

5-7 指令彙整

指令	説明
rake db:migrate	資料庫遷移
rake db:rollback	資料庫回滾
rake db:migrate:status	查看資料庫 schema 版本
rails g model [field[:type] ...]	產生 model 與遷移檔
rails g migration NAME	產生遷移檔
rails g migraiont add_XXX_to_YYY	產生遷移檔，新增欄位至表
rails g migraiont remove_XXX_from_YYY	產生遷移檔，從表刪除欄位

後端之旅

Ruby on Rails

網站免不了要設計後端邏輯（除非是靜態的網頁），本章節將介紹網站在設計的時應該先如何做規劃與設計，還有需要注意的部分。並且藉此實作一些網站的功能，包括使用者驗證、權限控制。

6-1　網站的規劃

設計網站建議該由設計網址開始，這看似細節但卻也是足以讓不少開發者頭痛的地方。這也許是因為大多人在學習網站架設是從靜態網站開發開始：當設計新的頁面時，先想著要開發什麼頁面，然後開啟一個檔案並將此命名，而該檔案名稱與目錄將成為網址。例如「關於」頁面，檔名就是 about.html，如果是「聯絡」檔名就是 contact.html，設計起來比較單純。

但在動態網站的設計並不適用這種思考方式，因扯到許多較複雜的功能，使用的 HTTP 動詞也比較多樣，這時網址的設計也會跟著複雜起來。

以登入功能為例，會需要一個呈現表單頁的網址，大多數的人會命名叫做 /sign_in，所以表單也會長得像是這樣：

```
<!-- GET /sign_in -->
<form action="尚未命名" method="post">
  <input type="text"     name="email">
  <input type="password" name="password">
</form>
```

但也因為 <form> 有個 action 屬性，用以指定該表單的請求所要發送的對象，好讓伺服器接收後處理登入的步驟。那麼這個網址應該叫什麼名字呢？ /sign_in/process ？ /sign_in_execute 抑或是其他命名？

這個問題也將反應在前些章節設計的部落格網站，我們需要設計一個可以透過網站「新增」、「瀏覽」、「編輯」、「刪除」文章資料的頁面。其中含有表單的頁面就包括了「新增」與「編輯」頁。

當沒有套用框架來設計網站時，這裡的命名完全是依照個人的習慣。「新增文章」將表單送出的目的網址應該是 /new_article 還是 /create_post？「瀏覽文章」頁應該是 /all_posts 還是 /posts/all？當命名沒有被好好規範，久了隨著網站的規模越來越大，紊亂的網址也會造成維護上的困難。

網址的設計有許多規範可以參考，其中著名的軟體架構包括了 SOAP 與 REST。其中 Rails 廣泛採用的方法是 REST，好處除了易於使用與規劃之外，於 API 方面，REST 也成了一種提供者與使用者之間約定俗成的默契。

6-2 REST 風格

原名為 Representational State Transfer，中譯「含狀態傳輸」，是一種軟體設計的架構風格，而非標準。是由 Web 開發世界中的祭酒：HTTP/1.1 協議的負責人 Roy Fielding[28] 在完成 HTTP/1.1 的工作之後，回學校繼續攻讀博士學位，並於第二年時（2000）所發表的博士論文。只是這篇論文沈睡了 7 年之久，直到 2007 年 Rails 發佈了 1.2 版能支援 REST 開發，從此 REST 風格的網站如遍地開花般發揚光大。

而有別於像是 RPC 這種方法導向的架構，REST 的設計是徹底的物件導向思維，當中引入「資源」的概念就相當於物件導向中的「物件」。軟體在設計時資料應該以此為最小單位做規劃，且符合 CRUD 的操作。例如「文章」在網站就是一個資源，而它是可以被新增、檢視、編輯與刪除的。

資源種類	網址風格	類似概念
集合資源	http://example.com/RESOURCES	類別
單一資源	http://example.com/RESOURCES/ID	物件

註**28** Apache server 的核心成員，也是 Apache 軟體基金會的共同創辦人。

另一個重點則是將 HTTP 的動詞應用到 CRUD 操作之中：

HTTP 動詞	CRUD	意思
POST	Create	新增
GET	Read	檢視
PUT	Update	更新
DELETE	Destroy	刪除

依照以上的定義，若要在網站上新增「文章」資源，網址會呈現如下：

HTTP 動詞	路徑	功能
GET	/posts	檢視文章列表
PUT	/posts	取代所有文章
POST	/posts	新增一篇文章
DELETE	/posts	刪除所有文章
GET	/posts/ID	檢視單篇文章
POST	/posts/ID	沒有被 REST 定義
PUT	/posts/ID	更新單篇文章
DELETE	/posts/ID	刪除單篇文章

資源未必都是複數，REST 也有獨身資源（Singleton Resource）的設計。例如我們希望只有自己才可以存取自己的個人檔案時可以這樣設計：

HTTP 動詞	路徑	意思
GET	/profile	檢視個人資料
PUT	/profile	更新個人資料

資源也可以巢狀的設計，以文章中的留言與購物車中的項目為例：

HTTP 動詞	網址	功能
GET	/posts/ID/comments	瀏覽單篇文章中的留言
PUT	/posts/ID/comments/ID	更新單篇文章中的某篇留言
DELETE	/carts/ID/items/ID	將項目從購物車中刪除

現在大概沒什麼新的網站是不支援 REST 了。只是究竟什麼是 REST，對於許多開發者而言，只是看看範例就認為 REST 不過就是一種網址的規範，但事實上 REST 不只是網址規範而已，它是一種豐富的軟體架構，而網站只是其中一個應用。這個觀念的誤解不亞於寫 Rails 的人認為 Rails 是一種程式語言。

僅透過範例程式碼來了解什麼是 REST，並不能全面深入地理解 REST，甚至容易誤以為這些簡單的範例就是 REST 本身。REST 架構非常的豐富，非三言兩語可以說完，本書僅涵蓋網站應用，若想更加了解其完整的內容。建議參考 Roy 的論文 [29]，目前網路上已經有中文 [30] 的翻譯版本可閱讀。

6-2-1 過猶不及

然而並不是使用 REST 就彷彿吃了無敵星星一樣，將所有的網址都設計成 REST 風格。事實上在某些案例中不適合，因為非得每個網頁都得要呈現可以 CRUD 的資源，例如尚有「關於」、「聯絡」等單頁、以及登入、登出功能的網址，若真的遵照 REST 風格，會變成：

HTTP 動詞	路徑	頁面/功能
GET	/pages/about	關於
GET	/pages/contact	聯絡
GET	/session/new	登入表單
POST	/session	登入
DELETE	/session	登出

註 **29** www.ics.uci.edu/~fielding/pubs/dissertation/top.htm
註 **30** www.infoq.com/cn/minibooks/dissertation-rest-cn

除了每個單頁都有個 /pages 前綴之外，一個網站的登入頁竟然是 /session/ new 這種只有工程師才看得懂的網址。網址應該保有簡短與易懂的原則，除了美觀好記以外，對於搜尋引擎最佳化也有幫助，像是以下的設計就好很多：

HTTP 動詞	路徑	頁面/功能
GET	/about	關於
GET	/contact	聯絡
GET	/sign_in	登入表單
POST	/session	登入
DELETE	/session	登出

6-3 Rails 與 REST

前些章節介紹過如何在 routes.rb 中定義網址路由，若要設計一個符合 REST 網址風格的部落格網站，需要有類似以下的設定：

```
# config/routes.rb
Rails.application.routes.draw do
# 動詞      網址               controller#action
  get    'posts'       => 'posts#index'    # 檢視文章列表
  get    'posts/new'   => 'posts#new'      # 新增文章表單頁
  post   'posts'       => 'posts#create'   # 新增文章
  get    'posts/:id'   => 'posts#show'     # 檢視單篇文章
  get    'posts/edit'  => 'posts#edit'     # 新增文章表單頁
  put    'posts/:id'   => 'posts#update'   # 更新單篇文章
  delete 'posts/:id'   => 'posts#destory'  # 刪除單篇文章
end
```

乍看其中 posts/new 與 posts/edit 似乎小違反了 REST 風格，new 與 edit 為 posts 資源下的子資源，應該要是名詞，所以更精確的命名會是 posts/new_form 與 posts/edit_form。此處為求網址精簡省略了後綴。事實上這也是 Rails 網站在 REST 上的命名習慣。

不過一個網站的資源這麼多，如果每個資源都要這樣寫，除了擔心打錯字以外，routes.rb 也會變得冗長。對此 Rails 有提供 REST 風格的路由方法，足以少量的程式碼一次取代剛剛的寫法：

```
# config/routes.rb
Rails.application.routes.draw do
  resources :posts
end
```

產生的路由表：

```
$ rake routes
Prefix Verb        URI Pattern             Controller#Action
    posts GET      /posts(.:format)        posts#index
          POST     /posts(.:format)        posts#create
 new_post GET      /posts/new(.:format)    posts#new
edit_post GET      /posts/:id/edit(.:format) posts#edit
     post GET      /posts/:id(.:format)    posts#show
          PATCH    /posts/:id(.:format)    posts#update
          PUT      /posts/:id(.:format)    posts#update
          DELETE   /posts/:id(.:format)    posts#destroy
```

這裡的 :id 不代表網址真的有 :id，而是表示此處是個變數，且會將此值以字串的型態傳入 params[:id]，例如訪問 /posts/123，params[:id] 會是 "123"。

如果有多個資源也不需要重複撰寫好幾行，resources 方法支援參數列表，寫起來相當精簡：

```
# config/routes.rb
Rails.application.routes.draw do
  resources :posts, :users, :books, :works
end
```

如果只需要用到部份路由不希望產生 7 個，例如網站只提供閱讀文章，可透過 only 來設定：

```
# config/routes.rb
Rails.application.routes.draw do
  resources :posts, only: [:index, :show]
  # 有 only 就有 except，但一次只用其中一個
end
```

產生的網址路由：

```
$ bin/rake routes
Prefix Verb  URI Pattern          Controller#Action
 posts GET   /posts(.:format)     posts#index
  post GET   /posts/:id(.:format) posts#show
```

6-4 部落格功能

現在最新版的路由設定如下，加上了 REST 風格的 posts 網址：

```
# config/routes.rb
Rails.application.routes.draw do
  root 'pages#home'
  get :home, :math, :form, controller: :pages
  post :about, controller: :pages
  resources :posts # 新增的設定
end
```

我們已經有 MVC 的使用知識，根據 Rails 的架構，實作這部份功能時，運作起來會像是下圖所示：

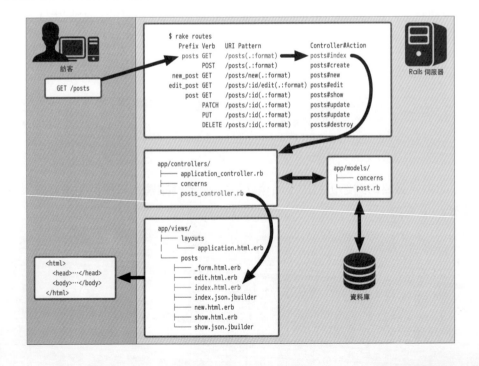

　　首先透過產生一些必要的檔案，包括 posts_controller.rb 與一些 view 檔。你可以根據先前所學手動來新增，或者利用 Rails 產生器：

```
$ rails g controller posts index show new edit
      create    app/controllers/posts_controller.rb
       route    get 'posts/edit'
       route    get 'posts/new'
       route    get 'posts/show'
       route    get 'posts/index'
      invoke    erb
      create      app/views/posts
      create      app/views/posts/index.html.erb
      create      app/views/posts/show.html.erb
      create      app/views/posts/new.html.erb
      create      app/views/posts/edit.html.erb
```

　　要注意使用 Rails 產生器會產生一些多餘的路由設定，請記得從 config/routes.rb 移除。

　　這時候訪問 http://localhost:3000/posts，已經能成功顯示預設的畫面：

/posts

6-4-1 檢視（Read）

檢視相關的頁面有「文章列表」與「單篇文章」，以下節錄部分 rake routes 的內容：

```
Prefix Verb    URI Pattern              Controller#Action
 posts GET     /posts(.:format)         posts#index
  post GET     /posts/:id(.:format)     posts#show
```

Controller 的部分，將需要給 view 使用的資料放進實體變數：

```ruby
# app/controllers/posts_controller.rb
class PostsController < ApplicationController
  # GET /posts
  def index
    @posts = Post.all
    # 會在 view 的地方使用 #each 方法
  end

  # GET /posts/:id
  def show
    @post = Post.find(params[:id])
  end
end
```

View 的部分：

```erb
<!-- app/views/posts/index.html.erb -->
<h1>文章列表</h1>
<ol>
<% @posts.each do |post| %>
  <li><%= link_to post.title, post %></li>
<% end %>
</ol>
<!-- app/views/posts/show.html.erb -->
<h1><%= @post.title %></h1>
<%= @post.content %>
<hr>
<%= link_to '返回', posts_path %>
```

其中 index.html.erb 關於 linke_to 的用法中用到了一點小訣竅。由於 Rails 高度支援了 REST，所以在第二個參數為 model 物件時，會將其轉成「檢視該物件」的網址，亦即以下的寫法是指同一件事：

```
# 以下四種寫法是同樣的意思
link_to post.title, "/posts#{post.id}"
link_to post.title, post_path(post.id)
link_to post.title, post_path(post)
link_to post.title, post
```

最後呈現的畫面：

/posts

/posts/1

6-4-2 新增

controller 的部分：

```ruby
# app/controllers/posts_controller.rb
class PostsController < ApplicationController
  ...
  # POST /posts
  def create
    # 期待從 view 那裡會傳來 title 與 content
    # 兩個變數讓 Post.new 初始化
    @post = Post.new title: params[:title],
                     content: params[:content]
    if @post.save
      redirect_to @post
      # 等於 post_path(@post)
    else
      render :new
      # 會渲染 app/views/posts/new
    end
  end
  ...
end
```

View 的部分：

```erb
<!-- app/views/posts/new.html.erb -->
<h1>新增文章</h1>
<!-- 使用 `form_tag` 能協助產生 CSRF 憑證。 -->
<%= form_tag posts_path do %>
  <%= text_field_tag :title %><br>
  <!-- <input type="text" name="title"><br> -->
  <%= text_area_tag :content %><br>
  <!-- <textarea name="content"></textarea><br> -->
  <input type="submit">
<% end %>
```

至此不妨試試看，網站現在已經可以在 http://localhost:3000/posts/new 中新增文章了。

☞ 巢狀 params 資料

在上述的範例中，會產生的 input 標籤如下：

```
<input id="title" name="title" type="text" /><br>
<textarea id="content" name="content"></textarea><br>
```

這讓表單送出時可以夾帶 title 與 content 變數，不妨觀察看看 server log，在第二行處可以找到 params 的內容：

```
Started POST "/posts" for 127.0.0.1
Processing by PostsController#create as HTML
  Parameters: {"utf8"=>" ",
  "authenticity_token"=>"AUTHENTICITY_TOKEN",
  "title"=>"hello",
  "content"=>"world"}
...
```

在 Rails 無論是 GET 中網址上的變數，或由 POST 送出的表單變數，都會放在 params Hash 物件裡面供 controller 或 view 中使用。

但若 params 需要存放 Array 或是 Hash 資料呢？例如：

```
{
  "utf8" => " ",
  "authenticity_token" => "AUTHENTICITY_TOKEN",
  "post" => {
    "title"   => "hello",
    "content" => "world"
  }
}
```

由於 input 標籤並沒有提供巢狀資料的功能，但 Rails 在這方面有約定俗成的作法，可以透過解析標籤上 name 屬性的命名方式來決定該資料屬於 Aarry 或 Hash 的一部分。

Array 的表示方式：

```
<!-- 透過空的中括號表示該資料是 Array 成員 -->
<input type="text" name="fruits[]" value="banana">
<input type="text" name="fruits[]" value="apple">
<input type="text" name="fruits[]" value="orange">
```

解析過後：

```
params
# => {"fruites" => ["banana", "apple", "orange"]}
```

Hash 的表示方式 [31]：

```
<!-- 透過實心的中括號表示該資料是 Hash 成員 -->
<input type="text" name="post[title]" value="Hello">
<input type="text" name="post[content]" value="World">
```

解析過後：

```
params
# => {"post" => {"title" => "Hello", "content" => "World"}}
```

在原本的寫法中，未來只要在 posts 表新增一個欄位，就需要再修改 PostsController#create。可想而見久而久之，該 action 會隨著欄位的增多越來越肥大，被一堆無謂的賦值填滿。我們可以利用剛剛的巢狀 params 技巧解決這個問題：

```
<!-- app/views/posts/new.html.erb -->
<h1>新增文章</h1>
<%= form_tag posts_path do %>
  <%= text_field_tag :'post[title]' %><br>
  <!-- <input type="text" name="post[title]"><br> -->
  <%= text_area_tag :'post[content]' %><br>
  <!-- <textarea name="post[content]"></textarea><br> -->
  <input type="submit">
<% end %>
```

註 **31** 不同框架有不同寫法，例如在 ASP.NET，是用 post.title 而非 post[title]。

此時進入 /posts/new 填妥送出，server log 已經可見 params["post"] 是一個
Hash：

```
Started POST "/posts" for 127.0.0.1
Processing by PostsController#create as HTML
  Parameters: {"utf8"=>" ",
    "authenticity_token"=>"AUTHENTICITY_TOKEN",
    "post"=>{
      "title"=>"hello",
      "content"=>"world"
    }
  }
```

由於這種巢狀寫法在 Rails 中非常普遍，也有 form_for 可以更加簡化剛剛
的程式碼：

```
<!-- app/views/posts/new.html.erb -->
<h1>新增文章</h1>
<%= form_for @post do |f| %>
  <%= f.text_field :title %>
  <%= f.text_area :content %>
  <%= f.submit %>
<% end %>
```

其用法與 form_tag 相似，唯參數不是路徑，取而代之的是 model 物
件，且在區塊中提供了一個表單建構物件（此處的 f），用於替該目標物件
（@post）產生需要的 input 標籤。

form_for 的好處一是我們不用管表單送出去的網址為何，只要將物件傳
給 form_for 它自然依照 REST 風格指定到對的網址。好處二是它會將物件的
每個屬性回填到表單欄位中，不妨在 /posts/new 頁面中將 title 留空，僅填寫
content 並且送出，這時 PostsController#create 中的 Post#save 將會不通過（因
為 app/models/post.rb 設定了 validates），導致最後渲染回 app/views/posts/new.
html.erb。但此時表單並不是空白的，content 的部分留有剛剛填寫的內容。畢
竟驗證沒過卻要讓使用者全部重寫是一件惡劣的事情，但我們不用再額外撰寫
回填的程式碼，使用 form_for 時一切會自然的發生。

現在 params[:post] 已經是一個 Hash 物件，在 controller 則可以藉此 Hash 供 Post#new 初始化：

```ruby
# app/controllers/posts_controller.rb
class PostsController < ApplicationController
  ...
  # POST /posts
  def create
    @post = Post.new params[:post].to_h # 直接初始化
    # #to_hash 是必要的
    # params 不是真正的 Hash，請參閱「前端之旅」
    if @post.save
      redirect_to @post
    else
      render :new
    end
  end
  ...
end
```

改寫過之後，從此新增欄位除了修改 view 以外，我們已經不需要再更動 controller。很方便但卻也透漏了隱憂，看看以下例子：

```ruby
User.new params[:user].to_s
```

如果 users 表有個 is_admin 欄位，這表示使用者可透過傳遞該變數，自由的將自己設定為管理員。這是致命的問題，所以針對傳來的變數勢必要有一個檢查的機制。在 Rails 4 以前，這一個問題是交由 model 來處理，而在 Rails 4 推出後引入了 Strong Parameter，較大的變革是將過濾工作放在 controller 中處理。

☪ Strong Parameter

一口氣將所有使用者傳來的「生資料」丟進去資料庫是很危險的。Rails 4 推出時，作者 DHH 曾在相關的原始碼附近有這麼一段註解 [32]：

> Never trust parameters from the scary internet, only allow the white list through.
> 永遠不要相信從可怕的網路傳來的參數，這裡只允許白名單通過。

註 **32** GitHub：git.io/Hv9twA

Strong Parameter 是透過白名單的方式設定可通過的變數,我們在此以改寫 PostsController#create 為例:

```
# app/controllers/posts_controller.rb
class PostsController < ApplicationController
  ...
  # POST /posts
  def create
    @post = Post.new params.require(:post)
                           .permit(:title, :content)
    if @post.save
      redirect_to @post
    else
      render :new
    end
  end
  ...
end
```

此處 #require 是用以設定 params[:post] 必須存在,而 #permit 則是表示在 params[:post] Hash 裡,只能允許 title、content 通過。意即整個 params 中只有 params[:post][:title] 和 params[:post][:title] 不會被過濾掉。

不過在 #create 這樣的寫法,一樣會隨著資料表的欄位變多而變得肥大。漂亮的作法是將過濾的工作另外定義到別的方法,美觀之餘也能重複利用:

```
# app/controllers/posts_controller.rb
class PostsController < ApplicationController
  ...
  # POST /posts
  def create
    @post = Post.new post_params
    if @post.save
      redirect_to @post
    else
      render :new
    end
  end
```

```
  private
  # 並不是每個實體方法都要給路由表使用
  # 使用 private 能用以區別 action 與非 action
  def post_params
    params.require(:post).permit(:title, :content)
  end
  ...
end
```

6-4-3　更新

　　controller 的部分與「新增」相似：#new 顯示表單，此表單會將變數送往 #create；#edit 也是顯示表單，並將表單的變數送往 #update。（若已經不記得路由表，請再執行 rake routes。）

```
# app/controllers/posts_controller.rb
class PostsController < ApplicationController
  ...
  # GET /posts/:id/edit
  def edit
    @post = Post.find(params[:id])
  end

  # PUT /posts/:id
  def update
    @post = Post.find(params[:id])
    if @post.update post_params
      redirect_to @post
    else
      render :edit
      # 渲染 app/views/posts/edit.html.erb
    end
  end
  ...
end
```

view 的部分：

```
<!-- app/views/posts/edit.html.erb -->
<h1>編輯文章</h1>
<%= form_for @post do |f| %>
  <%= f.text_field :title %>
  <%= f.text_area :content %>
  <%= f.submit %>
<% end %>
```

這裡介紹了 form_for 的第三個好處，你一定觀察到了 new.html.erb 與 edit.
html.erb 除了標題以外，產生表單的程式碼片段其實一模一樣。這裡如果我們
改用 form_tag 的寫法，由於 REST 風格下的「新增」與「更新」路徑與 HTTP
動詞皆不同（見下表），需要為 form 標籤的 action 屬性個別設定不同的網址。

表單在不同檔案	HTTP 動詞	action 屬性	URL helper
new.html.erb	POST	/posts	posts_path
edit.html.erb	PUT	/posts/:id	post_path

form_for 會根據判斷 model 物件是否為新增，或是在資料庫當中已存在，
來決定表單的目的網址應該是 POST /posts 或者 PUT /posts/:id。

為了遵守 DRY 原則，我們將重複的表單抽離成局部樣板，使新的版本能
更加精簡：

```
<!-- app/views/posts/new.html.erb -->
<h1>新增文章</h1>
<%= render 'form' %>
<!-- app/views/posts/edit.html.erb -->
<h1>編輯文章</h1>
<%= render 'form' %>
<!-- app/views/posts/_form.html.erb -->
<%= form_for @post do |f| %>
  <%= f.text_field :title %>
  <%= f.text_area :content %>
  <%= f.submit %>
<% end %>
```

☾ 回呼

此外你應該也注意到了 app/controllers/posts_controller.rb 裡有許多重複的 Post#find，分別在 #show、#edit 與 #update。這是因為在訪問這些 action 時的網址路徑都屬於 /posts/:id 的格式，所以第一件事情自然會是根據 id 初始化 Post 物件。

正如定義 post_params 方法一樣，為了遵守 DRY 原則，會將設定 @post 一事抽離到別的方法中，但差別在於我們不需要在個別 action 中再呼叫一次。Rails 提供 before_action 註冊回呼方法：

```ruby
# app/controllers/posts_controller.rb
class PostsController < ApplicationController
  before_action :set_post, only: [:show, :edit, :update]
  # 在此註冊回呼方法，有 only 就有 except，
  # 但僅能則一使用，若沒有設定 only 或 except，
  # 表示所有 action 都會被註冊回呼方法

  # GET /posts/:id
  def show
  end

  # GET /posts/:id/edit
  def edit
  end

  # PUT /posts/:id
  def update
    if @post.update post_params
      redirect_to @post
    else
      render :edit
    end
  end

  private
  def set_post
    @post = Post.find(params[:id])
  end
  ...
end
```

6-4-4　刪除

刪除的功能比較單純，呼叫 Post#destroy 後重導到列表頁即可：

```ruby
# app/controllers/posts_controller.rb
class PostsController < ApplicationController
  before_action :set_post,
                only: [:show, :edit, :update, :destroy]
  # 別忘記多加上一個 `:destroy`
  ...
  # DELETE /posts/:id
  def destroy
    @post.destroy
    redirect_to posts_path
    # 刪除後重導到 /posts 文章列表頁
  end
  ...
end
```

最後在 view 上加上各種連結，一個有文章 CRUD 的網站就完成了：

```erb
<!-- app/views/posts/show.html.erb -->
<h1><%= @post.title %></h1>
<%= @post.content %>
<hr>
<%= link_to '編輯', edit_post_path(@post) %>
<%= link_to '刪除', @post, method: :delete %>
<%= link_to '返回', posts_path %>
<!-- app/views/shared/_navbar.html.erb -->
<ul>
  <%= nav_li "首頁", root_path %>
  <%= nav_li "關於", about_path %>
  <%= nav_li "樂透", math_path %>
  <%= nav_li "表單", form_path %>
  <%= nav_li "文章列表", posts_path %>
  <%= nav_li "新增文章", new_post_path %>
</ul>
<% line_number.times do %>
<hr>
<% end %>
```

最後的 controller 完成品：

```ruby
# app/controllers/posts_controller.rb
class PostsController < ApplicationController
  before_action :set_post,
                only: [:show, :edit, :update, :destroy]

  # GET /posts
  def index
    @posts = Post.all
  end

  # GET /posts/:id
  def show
  end

  # GET /posts/new
  def new
    @post = Post.new
  end

  # POST /posts
  def create
    @post = Post.new post_params
    if @post.save
      redirect_to @post
      # 等於 post_path(@post)
    else
      render :new
      # 會渲染 app/views/posts/new
    end
  end

  # GET /posts/:id/edit
  def edit
  end

  # PUT /posts/:id
  def update
    if @post.update post_params
      redirect_to @post
    else
      render :edit
```

```
    end
  end

  # DELETE /posts/:id
  def destroy
    @post = Post.find(params[:id])
  end

  private

  def post_params
    params.require(:post).permit(:title, :content)
  end

  def set_post
    @post = @post.destroy
  end
end
```

6-5 鷹架（scaffold）

人說 Rails 寫起來很快，但快在哪裡？截至目前為止我們所做為了達到一個基本能夠 CRUD 的網站，就已經費了一點功夫，實在體驗不到快在哪裡。其實 Rails 產生器有提供一套鷹架系統，可一次將 MVC 三個部份的程式碼產生完畢，並且加上路由以及補上遷移檔。

我們就用鷹架系統來產生文章的分類：

```
$ rails g scaffold category name
      invoke  active_record
      create    db/migrate/TIMESTAMP_create_categories.rb
      create    app/models/category.rb
      invoke  resource_route
       route    resources :categories
      invoke  scaffold_controller
      create    app/controllers/categories_controller.rb
      invoke  erb
      create      app/views/categories
      create      app/views/categories/index.html.erb
      create      app/views/categories/edit.html.erb
```

```
create      app/views/categories/show.html.erb
create      app/views/categories/new.html.erb
create      app/views/categories/_form.html.erb
invoke      jbuilder
create      app/views/categories/index.json.jbuilder
create      app/views/categories/show.json.jbuilder
```

可見依序產生了遷移檔、model 檔,再來是路由與 controller,最後是一些 view 相關的檔案,結構上與我們徒手撰寫「文章」資源的大致相同。

接著透過 rake db:migrate 執行遷移檔後,就可以訪問 http://localhost:3000/ categories 了:

```
$ rake db:migrate
== TIMESTAMP CreateCategories: migrating ===================
-- create_table(:categories)
   -> 0.0071s
== TIMESTAMP CreateCategories: migrated (0.0073s) =========
```

透過鷹架產生的預設頁面

筆者建議可以多花些時間比較一下鷹架所產生的內容，與自己徒手所寫的內容有什麼不同，可幫助自己更了解 Rails 的架構。事實上大部分的功能已經在本書前些章節中有涵蓋，但尚有少部分細節沒有提到，以下將一一介紹。

6-5-1 快閃訊息 Flash Message

照字面上的意思，表示只會出現一次的訊息。例如使用者登入後會在重導頁面後多一個「登入成功」的訊息，但重新整理後，該訊息就消失了。同樣的應用也可以在送出各種表單時發現。

Rails 提供了 flash 方法存取這些訊息，可在 controller 中賦值，並在 view 中做一次性的顯示。

controller 的部分：

```
flash[:notice] = "hello"
```

在 view 中使用：

```
<% if flash[:notice] %>
  <div id="notice"><%= flash[:notice] %></div>
<% end %>
```

flash 可以當 Hash 一樣來使用，且 Rails 提供了 notice 與 alert 兩個捷徑：

```
flash[:notice] # 等於直接寫 notice
flash[:alert]  # 等於直接寫 alert
```

而在鷹架的部分，可以看到以下的寫法：

```
<!-- app/views/categories/show.html.erb -->
<p id="notice"><%= notice %></p>
# app/controllers/categories_controller.rb
...
redirect_to @category, notice: 'message'
```

```
# 也可以分開兩行寫，效果一樣
redirect_to @category
flash[:notice] = 'message'
...
```

這讓新增或是更新分類時，會於 /categories/:id 頁面顯示快閃訊息：

6-5-2　jbuilder

這個功能是在用來設計 API 時所使用。其實現在訪問 /categories.json 與 `/categories/:id.json，會看到現在已經有一個基礎的 REST 風格 API 可以供他人串接使用（鷹架做了很多事）。

如果你仍然對 rake routes 指令輸出的內容有印象，其中的 (.format) 是用以判斷訪問時的網址後綴副檔名，並將副檔名存在 params[:format] 中。例如訪問 /categories.json，那麼 params[:format] 會是 "json"。

所以在 controller 會有這樣的寫法：

```
case params[:format]
when 'json'
  # 當 format 為 json 時執行
when 'xml'
  # 當 format 為 xml 時執行
else
end
```

或者我們使用 Rails 的風格，將判斷格式交給 respond_to 執行：

```
respond_to do |format|
  format.json{} # 當 format 為 json 時執行
  format.html{} # 當 format 為 html 時執行
end
```

而 jbuilder 是用以產生 JSON 的工具，controller 中的 action 偵測到格式為 json 時，依照慣例會尋找 app/views/ 下的 *.jbuilder 檔案。這也是為什麼 CategoriesController#show 是空的，但卻可以正確渲染 JSON 的原因。是格式決定了應該渲染 show.html.erb 還是 show.json.jbuilder。

6-6 在表單建立關聯

例如除了可以設定文章的標題之外，還要可以設定文章的作者以及標籤。
在 controller 的部分，得額外讓 user_id、tag_ids 可以通過：

```ruby
# app/controllers/posts_controller.rb
...
def post_params
  params.require(:post).permit(
    :title, :content, :user_id, :tag_ids
  )
end
...
```

在表單上建立下拉選單有許多方法：

```erb
<!-- app/views/posts/_form.html.erb -->
<%= form_for @post do |f| %>
  <%= f.text_field :title %><br>
  <%= f.text_area :content %><br>

  <%= f.select :user_id, [1,2] %>
  <!-- 糟糕的作法，使用者認名字不認 id -->

  <%= f.select :user_id, [['tony', 1], ['jason', 2]] %>
  <!--
    解決顯示名字的問題，但使用者會越來越多，
    不應該每次都更動
  -->

  <%= f.select :user_id, User.pluck(:id) %>
  <!-- 解決顯示所有使用者的問題，但沒有使用者名稱 -->

  <%= f.select :user_id,
        User.all.map{ |u| [u.name, u.id] } %>
  <!-- 解決了所有問題，但有過多邏輯在 view -->

  <%= f.submit %>
<% end %>
```

但其實 Rails 替表單提供了 collection_select 與 collection_check_boxes 的方法，可以輕易從物件集合建立下拉選單或勾選方塊。當然上述雖是一些錯誤示範，卻能學習到 select 的用法。畢竟當 collection_* 的方法無法滿足需求時，有時需要更底層的方法去解決。

```
collection_select(屬性, 集合, 值的方法, 字的方法)
collection_check_boxes(屬性, 集合, 值的方法, 字的方法)
```

其中「值的方法」與「字的方法」是指集合中的物件的實體方法，套用到現有的表單上：

```erb
<!-- app/views/posts/_form.html.erb -->
<%= form_for @post do |f| %>
  <%= f.text_field :title %><br>
  <%= f.text_area :content %><br>
  <%= f.collection_select :user_id, User.all, :id, :name %>
  <br>
  <%= f.collection_check_boxes :tag_ids,
    Tag.all, :id, :name %>
  <%= f.submit %>
<% end %>
```

對於「值」與「字」的方法，只要將 :id 與 :name 的位置對調後就可以更了解它們的意義：

```
<option selected="selected" value="1">Tony</option>
<!-- 最後送出的變數
{
  "post" => {
    "title" => "foo",
    "content" => "bar",
    "user_id" => "1"
  }
}
-->

<!-- 對調後 -->

<option selected="selected" value="Tony">1</option>
<!-- 最後送出的變數
{
  "post" => {
    "title" => "foo",
    "content" => "bar",
    "user_id" => "Tony"
  }
}
-->
```

6-7 使用者驗證

在 users 表加上 password_digest 欄位：

```
$ rails g migration add_password_to_users password_digest
    invoke  active_record
    create    db/migrate/TIMESTAMP_add_password_to_users.rb
$ rake db:migrate
== TIMESTAMP AddPasswordToUsers: migrating =================
-- add_column(:users, :password_digest, :string)
   -> 0.0038s
== TIMESTAMP AddPasswordToUsers: migrated (0.0039s) =======
```

在 Gemfile 尋找 bcrypt，反註解後記得重新 bundle install 安裝相依套件，然後重新啟動 rails server：

```
...
# Gemfile
gem 'bcrypt', '~> 3.1.7' # 反註解此行
...
```

在 model 補上設定：

```
# app/models/user.rb
class User < ActiveRecord::Base
  has_many :posts
  has_secure_password # 加上此行
end
```

一個具有安全密碼的 User model 已經完成。當加上 has_secure_password 時，User 會額外多出兩個抽象的屬性：password 與 password_confirmation 屬性，它們並不屬於資料表上的欄位。你可以這麼使用：

```
# 存取
user = User.new(name: 'tony', password: '',
                password_confirmation: 'nomatch')
user.save # => false，密碼不能為空
user.password = 'mUc3m00RsqyRe'
user.save # => false
          # password 與 password_confirmation 必須一致
user.password_confirmation = 'mUc3m00RsqyRe'
user.save # => true

# 驗證
user.authenticate('notright') # => false，密碼驗證沒過
user.authenticate('mUc3m00RsqyRe')
# => user，密碼驗證通過，回傳 `User` 物件

# 普遍使用方式
User.find_by(name: 'tony').try(:authenticate, 'notright')
# => false
User.find_by(name: 'tony')
    .try(:authenticate, 'mUc3m00RsqyRe') # => user
# 使用 #try 是為了防止 nil 呼叫 #authenticate，
# 因為 nil 沒有這個實體方法
```

我們同樣先從網址下手：

```
# config/routes.rb
...
resource :session, only: [:create, :destroy]
# 注意此處使用 resource 而不是 resources，
# 是 session 而不是 sessions
# 旨在產生獨身資源（singleton）的 REST 風格網址
...
$ rake routes CONTROLLER=sessions
Prefix Verb     URI Pattern          Controller#Action
session POST    /session(.:format) sessions#create
        DELETE /session(.:format) sessions#destroy
```

view 的部分，加上 notice 快閃訊息、登入用的表單以及登出按鈕：

```erb
<!-- app/views/shared/_navbar.html.erb -->
<strong><%= notice %></strong>
<ul>
  <%= nav_li "首頁", root_path %>
  <%= nav_li "關於", about_path %>
  <%= nav_li "樂透", math_path %>
  <%= nav_li "表單", form_path %>
  <%= nav_li "文章列表", posts_path %>
  <%= nav_li "新增文章", new_post_path %>
</ul>
<%= form_tag session_path do %>
  <input type="text" name="email">
  <input type="password" name="password">
  <input type="submit" value="登入">
<% end %>
<%= link_to "登出", session_path, method: :delete %>
<% line_number.times do %>
<hr>
<% end %>
```

現在已經有個表單可以對 /session 發送 POST 請求，並送出 email、password 變數。根據路由表，POST /session 對應到 session#create，接著實作 controller 的部分：

```ruby
# app/controllers/sessions_controller.rb
class SessionsController < ApplicationController
  # POST /session
  def create
    user = User.find_by(email: params[:email])
    if user = user.try(:authenticate, params[:password])
      # 登入成功，設定 session
      session[:user_id] = user.id
      # Rails 的 session 操作就像操作 `Hash` 一樣
      message = "歡迎回來！#{user.name}"
    else
      message = '登入失敗'
    end
    redirect_to root_path, notice: message
  end

  # DELETE /session
  def destroy
    session.delete(:user_id)
    # session[:user_id] = nil 是不正確的
    # 因為仍會殘留鍵在裡面，只是值 nil
    redirect_to root_path, notice: '登出'
  end
end
```

　　雖然完成了驗證密碼的功能但還沒有結束，現在網站並稱不上是個有會員系統的網站，頂多就是個密碼驗證服務而已，而且沒有「登入」的感覺。每次重新整理後，登入的表單仍然留著。為了改善這種情況，我們得在網頁上加上一些登入者才有的文字，以及登出者才有的文字，我們在 view 裡面這麼做：

```erb
<%= if session[:user_id] %>
<% end %>
<% end %>
```

　　但更好的程式習慣是利用 helper 調用更容易閱讀的方法，而不是直接在 view 裡面存取 session，盡量保持 view 的簡潔，避免多餘的邏輯。所以我們將使用 user_signed_in? 來取代，最後看起來像這樣：

```erb
<!-- app/views/shared/_navbar.html.erb -->
<strong><%= notice %></strong>
<ul>
  <%= nav_li "首頁", root_path %>
  <%= nav_li "關於", about_path %>
  <%= nav_li "樂透", math_path %>
  <%= nav_li "表單", form_path %>
  <%= nav_li "文章列表", posts_path %>
  <%= nav_li "新增文章", new_post_path %>
</ul>
<% if user_signed_in? %>
  你好，<%= current_user.name %> |
  <%= link_to "登出", session_path, method: :delete %>
<% else %>
  <%= form_tag session_path do %>
    <input type="text" name="email">
    <input type="password" name="password">
    <input type="submit" value="登入">
  <% end %>
<% end %>
<% line_number.times do %>
<hr>
<% end %>
```

　　下一個問題是，current_user 與 usre_signed_in? 應該放在哪裡？我們已經知道如何在 app/helpers/ 裡定義自己的 view helper，但像 current_user 與 usre_signed_in? 這些方法，難保不會在 controller 中使用到，也許我們未來實作登入時，會依照使用者的身分決定重導的頁面。所以勢必要有個方法讓這些 helper 可以在 controller 與 view 中都能使用。

若想讓某方法在任何 controller 下都能使用，普遍作法是將該方法定義在 ApplicationController，因所有 Controller 都繼承自此，方法也會跟著被繼承。但若方法也要擴展到 view 中使用，那麼可以用 helper_method 設定哪些方法能被當成 view helper：

```ruby
# app/controllers/application_controller.rb
class ApplicationController < ActionController::Base
  protect_from_forgery with: :exception
  helper_method :current_user, :user_signed_in?
  # 將這兩個方法設定成 view helper

  def current_user
    @current_user ||= User.find_by(session[:user_id])
    # 等於
    # @current_user = @current_user ||
    #                 User.find_by(session[:user_id])
    # 實體變數用於快取，為了避免重複對資料庫下指令
  end

  def user_signed_in?
    current_user != nil
  end
end
```

6-8 權限控制

這是大多數網站有的功能,阻止未登入的訪客進行資料的存取。當然我們可以在 posts#new 或 posts#create 等需要受到限制的 action 加上許多控制流程與 redirect_to 來達到。但不但不經濟實惠,並且會產生大量冗長的程式碼。

優雅的方式是利用 before_action 在 controller 中定義需要受到限制的 action:

```ruby
# app/controllers/posts_controller.rb
class PostsController < ApplicationController
  before_action :authenticate_user!,
                except: [:show, :index]
  before_action :set_post,
                only: [:show, :edit, :update, :destroy]
  # 會先執行 authenticate_user!,再執行 set_post
  ...
end
```

這段程式碼的行為表示除了「檢視」相關的頁面以外,所有的 action 都必須要通過登入的步驟。在 Rails 的慣例中,若 controller 中的方法有驚嘆號後綴,表示該方法內有 redirect_to 或者 render,且會在此之後的其他回呼方法。以此為例,當 authenticate_user! 內部若有呼叫 redirect_to,那麼因此中斷整個回呼鍊,set_post 也就不會被執行。

我們希望 authenticate_user! 可以在所有的 controller 中使用,並不只有 PostsController,所以將此定義在 ApplicationController:

```ruby
# app/controllers/application_controller.rb
class ApplicationController < ActionController::Base
...
  def authenticate_user!
    unless user_signed_in?
      redirect_to request.referer, notice: '請先登入'
      # request.referer 回傳本次請求的上一頁的網址
    end
  end
```

```
...
end
```

至此一個具有身分驗證、權限控制的文章發布網站就完成了。

6-9 指令彙整

指令	說明
rails g scaffold NAME [field[:type] ...]	產生 MVC 檔、遷移檔、網址路由

部屬之旅

Ruby on Rails

對初學者來說部屬 Rails 並不容易，它並不像開發 PHP 網站一樣把檔案丟到伺服器上的特定資料夾就可以成功運作。不過近來因為 Rails 的蓬勃發展，已經有了許多方便的工具可以部屬 Rails，使得部屬不再是一件麻煩的工作。本章節將會介紹一些部屬 Rails 的選擇，以及 Heroku 與 Passenger 的教學。

7-1 IaaS 與 PaaS

選擇 IaaS（基礎架構即服務）表示使用者自己管理自己的機器，自由度高，價錢也相對便宜；選擇 PaaS（平台及服務）則是將系統的管理工作委外處理，使用者僅專注在應用程式開發，但價錢相對比前者貴。兩者之間的選擇單看希望用時間省錢還是用錢省時間。而 IaaS 又有租用與自行架設的選擇，當然這兩者之間也是時間與金錢的權衡（trade-off）。

筆者認為將產品的核心價值以外的工作委外給可信任的廠商代管是個不錯的選擇，你不用花額外的管理、更新、維護時間在網頁伺服器、郵件伺服器、資料庫伺服器抑或硬體設施上，它們不是你的產品，你應該更專注在產品應用的開發上，除非你的時間比較便宜。

一些較有名的 IaaS 業者：

* Amazon Elastic Compute Cloud (EC2)
* Linode
* DigitalOcean
* Google Compute Engine (GCE)

支援 Rails 的 PaaS 業者：

* Heroku
* Rails Machine
* Brightbox
* Engine Yard

7-2 Passenger（或稱 mod_rails）

Phusion Passenger 是所有可用於上線的部屬方案中，其中一個較為簡單的作法。原理是在既有的 HTTP 伺服器上（Apache 或 nginx）加上額外的模組，之後只要在設定檔中定義 Rails 應用的路徑即可，無須自己管理 Rails 程序。

7-3 負載平衡

當你的網站大到需要多個機器來分散負載時，可以使用反向代理伺服器（reverse proxy）的方式來提高網站的併行性，這也是所有高流量網站會用到的方法。大多利用 HAProxy 或 nginx 去平衡多台主機，而單一主機又可以使用 Unicorn 平衡多個 Rails 程序。Basecamp 與 Github 都是這樣做的。

7-4 Capistrano（自動化部屬）

最直覺得部屬方式就是複製貼上程式碼、重編 assets、資料庫遷移，最後再重啟應用程式，但除了步驟煩冗之外，當機器很多時，這就不是個聰明的作法。 Capistrano 跟 Rails 一樣，是在 Basecampe 的開發中分離出來的工具之一。你可以透過簡短的指令，一口氣將程式碼推到無數台伺服器上，並讓數台伺服器自動執行各自的部屬工作。如資料庫伺服器需要遷移、應用程式伺服器需要重啟 Rails 程序、網頁伺服器需要編譯 assets 等。你也可以讓這些工作都發生在同一台伺服器上，單看內部網路如何規劃。

7-5 實際操作

7-5-1 rails server

正如我們在開發下的指令一樣，可以透過 rails s 啟動預設的伺服器（WEBrick），但在部屬的伺服器上你可能會改為這樣執行：

```
$ rails s -e production -p 80 -d
```

指令	說明
-e	指定 Rails 運行環境
-p	指定閘道
-d	讓程序在背景執行（daemonize）

這是最簡單的方式（不用學習其他知識），但也有很多缺點，舉些例子：

❖ 以 WEBrick 服務靜態路徑，比 apache 或 nginx 慢很多。

❖ 以 WEBrick 服務動態路徑，比 thin 或 unicorn 慢很多。

❖ 難以自動化部屬。

❖ 無併行能力（concurrency），只有一個 Rails 程序。

❖ 無負載平衡（load balancing）。

此法為一時之選，不應該用在一個上線產品中。

7-5-2 Heroku

如果你熟悉 Git，但不會操作 Unix-like 作業系統，那麼 Heroku 則是相當方便的平台，只需要 git push 將程式碼推到 Heroku，它就能自動化部屬。他的免費額度是限制網站的效能，而不限制你的網站數量，適合拿來做展示或測試網站的用途。設定流程如下：

1. 註冊 Heroku

2. 安裝 Heroku Toolbelt

3. 登入 Heroku

4. 初始化專案

5. 安裝 rails_12factor gem

6. 用 Git 將程式碼推到 Heroku

7. 在 Heroku 執行資料庫遷移

註冊 Heroku（www.heroku.com）：

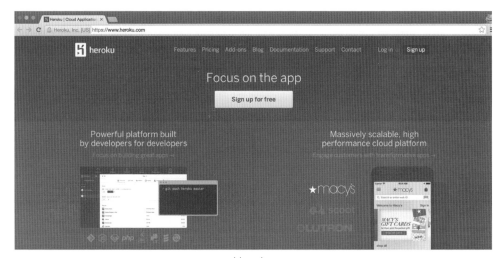

Heroku

下載安裝 Toolbelt（toolbelt.heroku.com）：

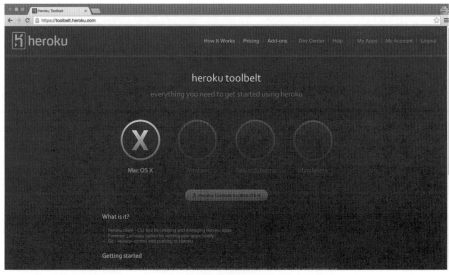

Heroku Toolbelt

登入 Heroku：

```
$ heroku login
Enter your Heroku credentials.
Email: tonytonyjan@gmail.com
Password (typing will be hidden):
Authentication successful.
```

上傳公鑰：

```
$ heroku keys:add
Found an SSH public key at /HOME/.ssh/id_rsa.pub
Would you like to upload it to Heroku? [Yn] Y
Uploading SSH public key /HOME/.ssh/id_rsa.pub... done
```

如果你在 ~/.ssh/ 下沒有 SSH 鑰匙，可以透過 ssh-keygen 指令產生。如果你是 Windows 使用者，在 Git 官網下載 msysgit 並安裝後，也會有 ssh-keygen 指令：

```
$ ssh-keygen -t rsa
Generating public/private rsa key pair.
Enter file in which to save the key (/HOME/.ssh/id_rsa):
Enter passphrase (empty for no passphrase):
Enter same passphrase again:
Your identification has been saved in /HOME/.ssh/id_rsa.
Your public key has been saved in /HOME/.ssh/id_rsa.pub.
The key fingerprint is:
a6:88:0a:0b:74:90:c6:e9:d5:49:d6:e3:04:d5:6c:3e
```

初始化專案：

```
$ rails new hello -d postgresql
$ cd hello
$ rails g controller pages home
# 建議到 config/routes.rb 設定首頁
$ git init
$ git add .
$ git commit -m "init"
```

注意由於 Heroku 只支援 PostgreSQL，而 Rails 預設使用 SQLite，你如果打算創造一個可以部屬到 Heroku 的專案，你得在產生專案時加上 -d 選項來指定所使用的資料庫。在此之前請先確認開發環境已經有安裝 PostgreSQL。

Debian/Ubuntu 上使用 APT 安裝：

```
$ sudo apt-get install -y postgresql libpq-dev
$ sudo -u postgres createuser 使用者帳號 -d
```

在資料庫產生新的使用者供你的帳號做使用，-d 選項表示該使用者有新增資料庫的權限。

OS X 上使用 homebrew 安裝：

```
$ brew install postgresql
```

與 APT 不同，使用 homebrew 不用額外產生使用者帳號，PostgreSQL 的預設帳號就是你安裝時使用的帳號。

Windows 使用者上請到 PostgreSQL 官方網站（www.postgresql.org）下載安裝檔進行安裝。

如果你的既有專案是使用 SQLite，但想要推到 Heroku，請確保 Gemfile 具有以下的設定：

```
# Gemfile
…略…
gem 'sqlite3',          group: :development
gem 'pg',               group: :production
…略…
```

這樣可以兼容在開發環境使用 SQLite，而在部屬端使用 PostgreSQL。不過筆者強烈警告盡量別這麼做，你應該確保開發與部屬環境的資料庫是相同的，除此之外，Ruby 版本、資料庫版本與 schema 等基礎設施、設定也應該要一併確保一致。最好的作法還是把現有資料庫轉移到 PostgresSQL，可以省下未來可能遇到的許多問題，或者考慮 Heroku 以外的部屬方案。

兼容方式在 bundle 的時候有避開 production gem 的選項，讓你在兼容兩個資料庫的情況下，開發端可以不用安裝 PostgreSQL：

```
$ bundle install --without=production
```

安裝 rails_12factor：

```
# Gemfile
gem 'rails_12factor', group: :production
$ bundle install
```

這個 gem 其名稱來自 Heroku 所發布的方法論：「The Twelve-Factor App」（12factor.net），內容是闡述在 SaaS 平台上的 12 個開發準則。而此 gem 是為了讓 Rails 能符合這些準則而生，解決 log 與服務靜態檔案的問題。

對於 log，當 Rails 應用的伺服器變多時，若有一個請求發生錯誤，你得在多個機器裡面的 log 檔尋找那一行錯誤訊息，除此還得擔心 Rails log 是否會有一天會塞爆硬碟。這個 gem 會把 Rails 的 log 訊息導到標準輸出（STDOUT），並將訊息串流餵給其他第三方服務來收集 log 訊息，像是 papertrailapp 或是 Heroku 自家的 logplex（需透過 Heroku Add-ons 啟用，預設紀錄只會紀錄最新的 1500 行）。

對於服務靜態檔案，大多人會使用 nginx。但依照 12 準則，第一個問題是 nginx 與 Rails 的訪問紀錄是分開的，Rails 應用看不到一個靜態檔案的訪問結果，是故應該讓 Rails 自己服務這些靜態檔案，而平衡負載則是網路層的工作。

Heroku 初始化：

```
$ heroku create 專案名稱
```

在專案目錄下執行 heroku create 會在 Git 設定檔中加入 Heroku 的 Git 連結，並在你的 Heroku 帳號上產生新的專案項目，可以透過網頁瀏覽它：

dashboard.heroku.com

你如果不知道要取什麼名字，專案名稱可以省略，Heroku 會配專案名稱給你，接著將程式碼推上去：

```
$ git push heroku master
```

此時你會看到一系列的部屬訊息，包括更新程式碼、安裝相依套件、編譯 assets 等。但不包括資料庫遷移，如果你的專案上有遷移檔，你得下指令遷移 Heroku 上的資料庫：

```
$ heroku run rake db:migrate
```

至此就完成了，你的網址位於 http://**專案名稱**.herokuapp.com，如果你並沒有設定首頁，則應該訪問 http://**專案名稱**.herokuapp.com/pages/home。如果忘記專案名稱，可以執行 heroku apps 確認：

```
$ heroku apps
=== My Apps
…略…
```

而對於未來網站的更新，只要遵守好 Git 工作流，於部屬時推到 Heroku 即可。其餘諸如伺服器維護、負載平衡等問題都能交給 Heroku 處理。若負擔得起費用，你可以更專心在自己的產品上。

7-5-3 Passenger

Passenger 安裝方式多元，可以用作業系統的套件管理工具、用 Ruby gem、自行下載編譯等，以下是在 Ubuntu 系統上使用 gem 的安裝與設定方式。

安裝 Rails 環境：

```
$ sudo apt-get update
$ sudo apt-get install -y\
  autoconf bison build-essential\
  libssl-dev libyaml-dev libreadline6-dev\
  zlib1g-dev libncurses5-dev libffi-dev\
  libgdbm3 libgdbm-dev libsqlite3-dev\
  libcurl4-openssl-dev nodejs
$ wget -O - \
  http://cache.ruby-lang.org/pub/ruby/ruby-2.2.0.tar.bz2\
  | tar -xvj
$ cd ruby-2.2.0
$ ./configure
$ make
$ sudo make install
$ sudo gem install rails
```

備註：筆者有在安裝的章節中，已介紹過為何部屬環境上不使用 RVM 或 rbenv
　　　來安裝 Ruby 環境。

新增 Rails 應用（以 deploy 使用者為例）：

```
deploy $ cd ~
deploy $ rails new hello
deploy $ cd hello
deploy $ rails g controller pages home
```

安裝 Passenger 與 nginx：

```
$ sudo gem install passenger
$ sudo passenger-install-nginx-module\
  --auto-download\
  --languages ruby\
  --auto
# 會安裝在 /opt/nginx/
```

設定 nginx：

```
# /opt/nginx/conf/nginx.conf
…略…
location / {
  passenger_enabled on;
  root   /home/vagrant/hello/public;
  index  index.html index.htm;
}
…略…
```

要注意必須將 root 指定到 public 資料夾，否則 nginx 會將整個專案目錄都當成靜態檔案。

設定環境變數：

```
$ export SECRET_KEY_BASE=$(bin/rake secret)
```

Rails 在 config/secret.yml 的 production 密鑰是透過環境變數取得，這裡是在 /home/deploy/hello/ 目錄下執行 bin/rake secret 產生密鑰。當然可以投機一點直接將密鑰寫在 secret.yml 即可（也許對環境變數的使用不熟），但筆者仍建議使用環境變數設定。你可依照偏好將此設定放在像 .bashrc 的 shell 設定檔下，抑或在 Rails 應用中使用 dotenv gem 來管理。

啟動 nginx：

```
$ sudo -E /opt/nginx/sbin/nginx # -E 以載入環境變數
$ curl http://localhost/pages/home
<!DOCTYPE html>
<html>
<head>
  <title>Hello</title>
  <link rel="stylesheet" media="all" href="/stylesheets/application.
css" data-turbolinks-track="true" />
  <script src="/javascripts/application.js" data-turbolinks-
track="true"></script>
  <meta name="csrf-param" content="authenticity_token" />
<meta name="csrf-token" content="knAd9zeFNaSzyZ3sP5pDGp6a862lK6awNnO8D
SX1QPH4ApCLPHnFsKlVDXGfmFzo8GyUiZn3oJ87qPwfSClNPQ==" />
</head>
<body>
```

```
<h1>Pages#home</h1>
<p>Find me in app/views/pages/home.html.erb</p>


</body>
</html>
```

執行 curl 之後若看到以上的畫面，表示 Rails + Passenger + nginx 的環境已經建立完畢。

重新啟動：

```
$ touch tmp/restart.txt
```

當你的專案有更新時，並不需要重新啟動 ngxin。以 Passenger 的作法，只要更新專案資料夾下的 tmp/restart.txt 檔案即可，Rails 應用就會在 nginx 收到下一次請求時更新。

Basecamp: David Hansson 的公司，Rails 是在他開發 Basecamp 的途中所做出來的。

7-6 Rails 4.2

Rails 團隊特別選在去年聖誕節釋出了 Rails 4.2 版（weblog.rubyonrails. org/2014/12/19/Rails- 4-2-final），更新的重點有以下項目：

❖ Active Job

❖ Asynchronous mails

❖ Adequate Record

❖ Web Console

❖ Foreign key support

7-6-1 Active Job

一個網站常有些較繁重的工作，並不希望在使用者提出請求時立即執行。以寄出一萬封信為例，這也許需要幾分鐘的時間，當使用者點下寄信按鈕時如果還需要等個幾分鐘才可以看到回傳頁面，這將造成糟糕的使用者體驗。

正規的作法是將這類需要長時間的工作丟到工作佇列去排程，並在背景中執行多個 worker 程序，每個 worker 都會不斷重複從佇列中取得新工作執行。

Rails 已經有許多 gem 可以解決這個問題，著名項目包括 Resque（github.com/resque/resque）、Sidekiq（sidekiq.org）與 DelayedJob（github.com/collectiveidea/delayed_job），其中 Resque 與 Sidekiq 使用 Redis 存放工作佇列，DelayedJob 則用關聯式資料庫。

Active Job 並不是提出了一個新的實作，換句話說，使用 Rails 4.2 並不是代表未來就不用安裝 Resque 之類的 gem。

它的真正意義在於統一使用介面，讓開發者在不同 gem 之間切換時，可以不用受到 gem 的不同 API 而影響，因而降低重新改寫的成本。

看到這裡是否覺得這種作法很熟悉？它其實就是適配器模式（Adapter pattern）。早在 Active Record 誕生的時候就已經使用相同的技巧，Rails 之所以能以相同的 API 介面在不同的資料庫之間遊走也是拜此所賜。

目前支援的 gem 有：

```
$ ls -1 activejob/lib/active_job/queue_adapters
backburner_adapter.rb
delayed_job_adapter.rb
inline_adapter.rb
qu_adapter.rb
que_adapter.rb
queue_classic_adapter.rb
resque_adapter.rb
sidekiq_adapter.rb
sneakers_adapter.rb
sucker_punch_adapter.rb
test_adapter.rb
```

除了 test_adapter.rb 僅用於測試，以及 inline_adapter.rb 做為預設（會立即執行，不會丟入背景），以外都有相對的 gem 需要安裝。

☾ 使用方式

工作的內容必須定義在 app/jobs/ 下，並繼承自 ActiveJob::Base，不過 Rails 4.2 提供了產生器，並不一定要手動新增：

```
$ rails g job execute_simulate
     invoke   test_unit
     create      test/jobs/execute_simulate_job_test.rb
     create   app/jobs/execute_simulate_job.rb
# app/jobs/execute_simulate_job.rb
class ExecuteSimulateJob < ActiveJob::Base
  queue_as :default

  def perform(*args)
    # Do something later
  end
end
```

queue_as 可以設定將此工作排進特定的佇列，預設是 default，可以透過 --queue 參數修改：

```
$ rails g job execute_simulate --queue urgent
```

使用起來像是這樣：

```
# 將工作丟進佇列
ExecuteSimulateJob.perform_later record

# 排程明天中午再執行
ExecuteSimulateJob.set(wait_until: Date.tomorrow.noon).perform_
later(record)

# 排程一週後執行
ExecuteSimulateJob.set(wait: 1.week).perform_later(record)

# 指定特定的佇列
ExecuteSimulateJob.set(queue: :important).perform_later(record)
```

設定要使用的 gem：

```
# config/application.rb
module YourApp
  class Application < Rails::Application
    # 請確保 Gemfile 已經有安裝所要使用的 gem
    config.active_job.queue_adapter = :resque
  end
end
```

☾ 回呼（Callback）

共有以下 6 個註冊點：

❖ before_enqueue

❖ around_enqueue

❖ after_enqueue

❖ before_perform

❖ around_perform

❖ after_perform

使用方式與 controller、model 中的回呼寫法是一樣的：

```
class ExecuteSimulateJob < ActiveJob::Base
  queue_as :default

  before_enqueue do |job|
    # 在佇列前執行
  end

  around_perform do |job, block|
    # 在工作開始前執行
    block.call
    # 在工作完成後執行
  end

  def perform
    # Do something later
  end
end
```

7-6-2　Asynchronous Mails

如果寄信工作也要丟到工作佇列，先別急著寫工作檔。Rails 4.2 的 Action Mailer 中內建了 DeliveryJob 類別，並且提供 deliver_later 方法將寄信的工作推進佇列中。

你可以像這樣使用：

```
# 使用 #deliver_later 透過 DeliveryJob 來寄信
MyMailer.welcome(@user).deliver_later

# 若不想丟到工作佇列，也有 #deliver_now 可以使用
MyMailer.welcome(@user).deliver_now
```

7-6-3　Adequate Record

由 Aaron Patterson 所作，用於提高 #find、#find_by 等一些常用查詢指令的速度，可以提升 Active Record 約莫兩倍的效能。

主要是因為 Active Record 在產生 SQL 過程有很多重複的片段不斷被重新製造，這其實可利用快取將重複的片段保存起來。細節請參考 Aaron Patterson 的網誌：

```
http://tenderlovemaking.com/2014/02/19/adequaterecord-pro-like-
activerecord.html
```

7-6-4　Web Console

如果你有用過 better_errors gem，那麼這就是類似的東西了。Rails 4.2 在開發環境下的錯誤頁面會多出一個 rails console 命令窗可以使用，除了一般 irb 的功能以外，也可以存取到該次請求中定義的實體與區域變數。

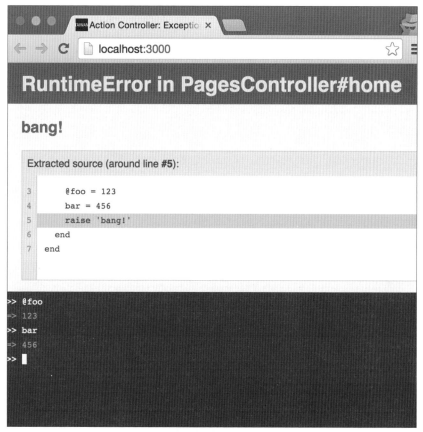

Rails 4.2 Web Console

但不只有錯誤頁面才有命令窗可以使用，也可以在任何 view 的檔案中的任何位置加入 <%= console %>，只要渲染到該檔案，就有命令窗可以使用。

7-6-5 外鍵（Foreign Keys）

Rails 4.2 遷移指令支援了 SQL 的外鍵定義功能，目前只有 mysql、mysql2 與 postgresql 可用。

```
# 將 `articles.author_id` 定義為參考 `authors.id` 的外鍵
add_foreign_key :articles, :authors
```

```
# 若命名沒有按照慣例，也可以透過設定達到
# 例如將 `articles.author_id` 定義為參考 `users.lng_id` 的外鍵
add_foreign_key :articles, :users, column: :author_id, primary_key:
"lng_id"
```

```
# 刪除 `accounts.branch_id` 外鍵
remove_foreign_key :accounts, :branches

# 刪除 `accounts.owner_id` 外鍵
remove_foreign_key :accounts, column: :owner_id
```

　　這個功能在 migration 與 model 等會產生遷移檔的產生器，當使用到
references 型別時也會自動的被使用。例如：

```
$ rails g migration add_user_to_posts user:references
      invoke   active_record
      create    db/migrate/20141222180048_add_user_to_posts.rb
class AddUserToPosts < ActiveRecord::Migration
  def change
    add_reference :posts, :user, index: true
    add_foreign_key :posts, :users # Rails 4.2 功能
  end
end
```

CHAPTER 08

附錄

Ruby on Rails

8-1 指令

8-1-1 rails 指令名稱 [參數]

常使用的指令名稱：

指令名稱	説明
generate	產生程式碼（可簡寫為 g）
console	開啟 Rails 環境的 irb（可簡寫為 c）
server	啟動網頁伺服器（可簡寫為 s）
dbconsole	根據 config/database.yml 開啟資料庫指令介面（可簡寫為 db）
new	創建新的 Rails 應用
destroy	刪除由 generate 產生的檔案（可簡寫為 d）
plugin new	建立新的 Rails 外掛應用
runner	在 Rails 環境下執行片段 Ruby 程式（可簡寫為 r）

所有的指令都有 -h 選項可以顯示該指令的使用方式。

☾ rails generate 產生器 [參數] [選項]

選項：

簡寫	完整	説明
-h	--help	列出該產生器的選項與使用方式
-p	--pretend	僅預覽檔案，並不會真的產生
-f	--force	複寫已經存在的檔案
-s	--skip	跳過已經存在的檔案
-q	--quiet	不要輸出訊息

常用的內建產生器：

- ❖ Rails
  - assets
  - controller
  - generator

- helper
- integration_test
- jbuilder
- mailer
- migration
- model
- resource
- scaffold
- scaffold_controller
- task

❖ Coffee

- coffee:assets

❖ Jquery

- jquery:install

❖ Js

- js:assets

❖ TestUnit

- test_unit:generator
- test_unit:plugin

☾ rails generate assets 名稱 [選項]

選項：

簡寫	完整	說明	預設
	--[no-]skip-namespace	略過名稱空間	
-j	--[no-]javascripts	產生 JS	true
-y	--[no-]stylesheets	產生 CSS	true
-je	--javascript-engine=JS_ENGINE	JS 引擎	coffee
-se	--stylesheet-engine=CSS_ENGINE	CSS 引擎	scss

說明：

名稱可以是駱駝命名（CamelCase）或蛇形命名（snake_case）。若要使用名稱空間，名稱需符合格式：名稱空間 / 名稱。

☪ rails generate controller 名稱 [動作...] [選項]

選項：

簡寫	完整	說明	預設
	--[no-]skip-namespace	略過名稱空間	
-e	--[no-]template-engine=NAME	樣板引擎	erb
-t	--[no-]test-framework	產生測試檔	
	--[no-]helper	產生 helper	
	--[no-]assets	產生 assets	

說明：

用於產生新的 controller 與其對應的 view 檔案，並新增網址路由。名稱可以是駱駝命名（CamelCase）或蛇形命名（snake_case），動作可定義多個。

若要使用名稱空間，名稱需符合格式：名稱空間 / 名稱。

此產生器會在 app/controllers/ 下產生 controller 檔，並同時觸發其他的產生器，包括 helper、樣板引擎（template-engine）、assets 與測試框架（test-framework），可透過 --no 開頭的選項跳過。

範例：

```
rails generate controller CreditCards open debit credit close
```

產生 CreditCardsController，以及像 /credit_cards/debit 的網址路徑。

分類	檔案
Controller	app/controllers/credit_cards_controller.rb
Test	test/controllers/credit_cards_controller_test.rb
Views	app/views/credit_cards/debit.html.erb [...]
Helper	app/helpers/credit_cards_helper.rb
Test	test/helpers/credit_cards_helper_test.rb

☪ rails generate generator 名稱 [選項]

選項：

簡寫	完整	説明	預設
	--[no-]skip-namespace	略過名稱空間	
	--[no-]namespace	使用名稱空間管理	true
-t	--[no-]test-framework=NAME	產生測試檔	test_unit

說明：

在 lib/generators/ 新增產生器，名稱可以是駱駝命名（CamelCase）或蛇形命名（snake_case）。

範例：

```
$ rails generate generator Awesome
  create  lib/generators/awesome
  create  lib/generators/awesome/awesome_generator.rb
  create  lib/generators/awesome/USAGE
  create  lib/generators/awesome/templates
  invoke  test_unit
  create    test/lib/generators/awesome_generator_test.rb
```

☪ rails generate helper 名稱 [選項]

選項：

簡寫	完整	説明	預設
	--[no-]skip-namespace	略過名稱空間	
-t	--[no-]test-framework=NAME	產生測試檔	test_unit

說明：

產生新的 helper 檔，名稱可以是駱駝命名（CamelCase）或蛇形命名（snake_case）。若要使用名稱空間，名稱需符合格式：名稱空間 / 名稱。

此產生器會在 app/helpers/ 下產生 helper 檔，同時觸發其他產生器如測試框架（test-framework），可透過 --no-test-framework 開頭的選項跳過。

範例：

```
$ rails generate helper CreditCard
      create   app/helpers/credit_card_helper.rb
      invoke   test_unit
      create     test/helpers/credit_card_helper_test.rb
```

☪ rails generate integration_test 名稱 [選項]

選項：

選項	說明	預設
--[no-]skip-namespace	略過名稱空間	略過名稱空間
--[no-]integration-tool=NAME	測試框架	測試框架

說明：

　　產生新的測試檔，名稱可以是駱駝命名（CamelCase）或蛇形命名（snake_case）。

範例：

```
$ rails generate integration_test GeneralStories
      invoke   test_unit
      create     test/integration/general_stories_test.rb
```

☪ rails generate jbuilder 名稱 [欄位:型別...] [選項]

說明：

　　產生 jbuilder 樣板檔。

範例：

```
$ rails g jbuilder book
      create   app/views/books
      create   app/views/books/index.json.jbuilder
      create   app/views/books/show.json.jbuilder
```

☾ rails generate mailer 名稱 [方法...] [選項]

選項：

簡寫	完整	説明	預設
	--[no-]skip-namespace]	略過名稱空間	
-e	--[no-]template-engine=NAME]	樣板引擎	erb
-t	--[no-]test-framework=NAME]	產生測試檔	test_unit

說明：

　　產生新的信件樣板，名稱可以是駱駝命名（CamelCase）或蛇形命名（snake_case）。

　　你所輸入的方法會在 app/mailers 下逐一產生樣板檔，其用法與 controller 一樣。

範例：

```
$ rails generate mailer Alerts signup forgot_password
    create  app/mailers/alerts.rb
    invoke  erb
    create    app/views/alerts
    create    app/views/alerts/signup.text.erb
    create    app/views/alerts/signup.html.erb
    create    app/views/alerts/forgot_password.text.erb
    create    app/views/alerts/forgot_password.html.erb
    invoke  test_unit
    create    test/mailers/alerts_test.rb
    create    test/mailers/previews/alerts_preview.rb
```

☾ rails generate migration 名稱 [欄位[:型別][:索引]...] [選項]

選項：

簡寫	完整	説明	預設
	--[no-]skip-namespace	略過名稱空間	
-o	--orm=NAME	ORM 引擎	active_record

說明：

產生資料庫遷移檔，名稱可以是駱駝命名（CamelCase）或蛇形命名（snake_case）。並且視需求以參數的方式新增需要的欄位。

遷移檔位在 db/migrate/，檔名以時間戳記前綴。

你可以利用名稱的命名慣例來新增或刪除資料表中的欄位，例如 AddColumnsToTable 或 RemoveColumnsFromTable

索引可以是 index 或 uniq，決定在資料庫中建立什麼種類的索引。

範例：

```
$ rails generate migration AddSslFlag
    invoke  active_record
    create    db/migrate/20150128192301_add_ssl_flag.rb
```

利用命名慣例新增為 posts 資料表新增 title 欄位：

```
$ rails generate migration AddTitleToPost title:string
  invoke  active_record
  create    db/migrate/20150128192410_add_title_to_post.rb
```

此時產生的遷移檔會出現自動產生的內容：

```
class AddTitleToPost < ActiveRecord::Migration
  def change
    add_column :posts, :title, :string
  end
end
```

當名稱出現 JoinTable 字樣時，可以產生接合表（junction table），可使用在 has_and_belongs_to_many 關聯方法。

```
$ rails g migration MediaJoinTable artists musics:uniq
    invoke  active_record
    create    db/migrate/20150128192742_media_join_table.rb
```

產生的遷移檔：

```
class MediaJoinTable < ActiveRecord::Migration
  def change
    create_join_table :artists, :musics do |t|
      t.index [:music_id, :artist_id], unique: true
    end
  end
end
```

☾ rails generate model 名稱 [欄位[:型別][:索引]...] [選項]

選項：

簡寫	完整	說明	預設
	--[no-]skip-namespace	略過名稱空間	
-o	--orm=NAME	ORM 引擎	active_record

ActiveRecord 選項：

簡寫	完整	說明	預設
	--[no-]migration	產生遷移檔	true
	--[no-]timestamps	是否產生時間戳記相關的欄位	true
	--parent=PARENT	希望繼承的父類別	
	--[no-]indexes	使用 references 型別時是否建立索引	true
-t	--[no-]test-framework=NAME	產生測試檔	test_unit

TestUnit 選項：

簡寫	完整	說明	預設
	--[no-]fixture	是否產生配件檔案	true
-r	--fixture-replacement=NAME	使用別的配件框架	

說明：

產生 model 檔，名稱可以是駱駝命名（CamelCase）或蛇形命名（snake_case）。並且視需求以參數的方式新增需要的欄位。

屬性的寫法是欄位：型別。這會影響產生的遷移檔的內容，也影響遷移後資料表的欄位型態，預設型別是 string。預設含有時間戳記，所以你不用自己寫 created_at:datetime 與 updated_at:datetime。

當你使用 --parent 選項時，會在產生的 model 繼承自你指定的類別。這通常用在實作單表繼承（single table inheritance）的時候會用到。

如果名稱的寫法含有名稱空間（例如 admin/account 或 Admin::Account），產生的遷移檔中，會在資料表名稱加上名稱空間的前綴，例如 admin_accounts。

在欄位後可以指定它的型別，是字串、數字或是布林。會影響產生的遷移檔內容，例如：

```
$ rails generate model post title:string body:text
```

支援的型別有：

資料型別	說明
primary_key	主鍵
string	短字串（255）
text	長字串
integer	整數
float	浮點數
decimal	高精浮點數
datetime	時間日期（字串）
timestamp	UNIX 時間（數字）
time	時間
date	日期
binary	二進位資料
boolean	布林值
json	JSON 字串，PostgreSQL 專有
hstore	類似 Ruby 的 Hash，只能使用一層，PostgreSQL 專有

除了基本的資料型別之外，你也可以使用 references 抽象型別，這是 Rails 提供用於建立外鍵（foreign key）用的。如果你執行：

```
$ rails generate model photo title:string album:references
```

會產生 album_id:integer:index 欄位，通常當我們要在 model 中使用 belongs_to 關聯方法時會這麼做。此寫法也支援多型（polymorphism）的用法，例如：

```
$ rails g model product supplier:references{polymorphic}
```

會產生 supplier_id:integer 與 supplier_type:string 兩個欄位，並且為這一對欄位建立索引。

對於型別為 integer、string、test、binary 的欄位，可以用大括號限制長度或大小：

```
rails generate model user pseudo:string{30}
```

對於 decimal 型別，可以用個數字限制其精度（precision）與資料範圍（scale）：

```
rails generate model product 'price:decimal{10,2}'
```

索引可以為 uniq 或 index，用以決定該欄位所建立的索引是否為唯一：

```
rails generate model user pseudo:string:uniq
rails generate model user pseudo:string:index
```

混合寫法：

```
rails generate model user username:string{30}:uniq
rails generate model product\
supplier:references{polymorphic}:index
```

範例：

```
$ rails generate model account
      invoke   active_record
      create      db/migrate/TIMESTAMP_create_accounts.rb
      create      app/models/account.rb
      invoke      test_unit
      create         test/models/account_test.rb
      create         test/fixtures/accounts.yml
$ rails generate model admin/account
    invoke   active_record
    create      db/migrate/TIMESTAMP_create_admin_accounts.rb
    create      app/models/admin/account.rb
    create      app/models/admin.rb
    invoke      test_unit
    create         test/models/admin/account_test.rb
    create         test/fixtures/admin/accounts.yml
```

☾ **rails generate scaffold_controller 名稱 [欄位[:型別][:索引]...] [選項]**
rails generate resource 名稱 [欄位[:型別][:索引]...] [選項]
rails generate scaffold 名稱 [欄位[:型別][:索引]...] [選項]

這三個產生器很類似，使用的參數與選項也相同，有個方便記憶的方法：

```
scaffold = scaffold_controller + resource
```

scaffold 會依照 REST 慣例產生資源（resource），包括了 model、view、controller 以及設定網址路由。

如果你要做的是 API 伺服器，不需要 view 檔案，那麼使用 resource 產生器即可。若專案中已經有一些既有的 model 檔，而臨時需要加上 REST 相關的網址路由、view 檔案以及 controller 檔案，則 scafold_controller 產生器即可以滿足需求。

範例：

```
$ rails g scaffold book title summary:text -p
      invoke    active_record
      create      db/migrate/20150128205909_create_books.rb
      create      app/models/book.rb
      invoke    test_unit
      create       test/models/book_test.rb
      create       test/fixtures/books.yml
      invoke    resource_route
       route       resources :books
      invoke    scaffold_controller
      create      app/controllers/books_controller.rb
      invoke      erb
      create        app/views/books
      create        app/views/books/index.html.erb
      create        app/views/books/edit.html.erb
      create        app/views/books/show.html.erb
      create        app/views/books/new.html.erb
      create        app/views/books/_form.html.erb
      invoke      test_unit
      create        test/controllers/books_controller_test.rb
      invoke      helper
      create        app/helpers/books_helper.rb
      invoke        test_unit
      create           test/helpers/books_helper_test.rb
      invoke      jbuilder
      create        app/views/books
      create        app/views/books/index.json.jbuilder
      create        app/views/books/show.json.jbuilder
      invoke    assets
      invoke      coffee
      create        app/assets/javascripts/books.js.coffee
      invoke      scss
      create        app/assets/stylesheets/books.css.scss
      invoke    scss
      create      app/assets/stylesheets/scaffolds.css.scss
```

　　仔細觀察會發現其實 scaffold 產生器做的事情並不多，他是調用了許多的較底層的產生器來達成任務。

☪ rails generate task 名稱 [任務...] [選項]

選項：

完整	說明
--[no-]skip-namespace	略過名稱空間

說明：

用於產生 Rake 任務，任務檔位在 lib/tasks/ 之下。

範例：

```
$ rails generate task feeds fetch erase add -p
    create  lib/tasks/feeds.rake
```

☪ rails console [環境] [選項]

即 irb 模式，但是會先載入 Rails 環境。用來操作 model 以改變資料庫的內容或是查詢資料很方便。

簡寫	完整	說明	預設
-s	--sandbox	沙箱模式，離開時會恢復資料庫原本的狀態	
-e	--environment=name	執行環境，可以是 test、development、production	development
	--debugger	是否啟用除錯器	

☪ rails dbconsole [環境] [選項]

簡寫	完整	說明	預設
-p	--include-password	從 database.yml 載入碼，免去手動輸入	
	--mode [MODE]	設定 SQLite3 的結果顯示方式，可以是 html、list、line、、column	
-e	--environment=name	執行環境，可以是 test、development、production	development

☾ rails server [mongrel, thin, etc] [選項]

選項：

簡寫	完整	説明	預設
-p	--port=port	閘道	3000
-b	--binding=ip	綁定IP	0.0.0.0
-c	--config=file	使用自訂的 rackup 設定檔	使用自訂的 rackup 設定檔
-d	--daemon	讓程式在背景執行	讓程式在背景執行
-u	--debugger	是否啟用除錯器	是否啟用除錯器
-e	--environment=name	執行環境，可以是 test、development、production	development
-P	--pid=pid	指定 PID 位置	tmp/pids/server.pid

☾ rails new 應用程式路徑 [選項]

選項：

簡寫	完整	説明	預設
-r	--ruby=PATH	Ruby 的路徑	
-m	--template=TEMPLATE	使用 Rails 應用程式樣板（可以是檔案路徑或是網址）	
	--[no-]skip-gemfile	是否略過 Gemfile 檔案	
-B	--[no-]skip-bundle	是否略過執行 bundle install	
-G	--[no-]skip-git	是否略過 .gitignore 檔案	
	--[no-]skip-keeps	是否略過產生 .keep 檔案	
-O	--[no-]skip-active-record	是否略過 Active Record	
-V	--[no-]skip-action-view	是否略過 Action View	
-S	--[no-]skip-sprockets	是否略過 Sprockets	
	--[no-]skip-spring	是否略過 Spring	

簡寫	完整	說明	預設
-d	--database=DATABASE	預設資料庫（mysql/oracle/postgresql/sqlite3/frontbase/ibm_db/sqlserver/jdbcmysql/jdbcsqlite3/jdbcpostgresql/jdbc）	sqlite3
-j	--javascript=JAVASCRIPT	預設 JS 框架	jquery
-J	--[no-]skip-javascript	是否略過 JS 檔案（application.js）	
	--[no-]dev	使用本地的 Rails（在 Gemfile 設定）	
	--[no-]edge	使用最新的 Rails（在 Gemfile 設定）	
-T	--[no-]skip-test-unit	是否略過測試檔案	
	--rc=RC	從外部檔案載入 Rails 指令的選項	
-J	--[no-]skip-javascript	是否略過 JS 檔案（application.js）	
	--[no-]dev	使用本地的 Rails（在 Gemfile 設定）	
	--[no-]edge	使用最新的 Rails（在 Gemfile 設定）	
-T	--[no-]skip-test-unit	是否略過測試檔案	
	--rc=RC	從外部檔案載入 Rails 指令的選項	

執行選項：

簡寫	完整	說明
-f	--force	覆蓋已經存在的檔案
-p	--[no-]pretend	預覽執行結果，不會做任何改變
-q	--[no-]quiet	不要輸出訊息（安靜地執行）
-s	--[no-]skip	略過已經存在的檔案

說明：

在指定的目錄下建立新的 Rails 專案。如果你常常需要輸入一些選項（例如希望預設資料庫是 postgresql），你可以在家目錄下新增 ~/.railsrc，並將預設的選項條列於此。如果你有多個 .railsrc，可以透過 --rc 選項指定檔案。

如果你希望用自己 clone 下來的 Rails 來開發應用，可以使用 --dev 選項：

```
ruby /path/to/rails/bin/rails new myapp --dev
```

☾ rails runner [選項] ['Ruby 程式碼' | 檔名]

選項：

簡寫	完整	説明	預設
-e	--environment=name	執行環境，可以是 test、development、production	development

範例：

```
$ rails runner 'puts Rails.env'
$ rails runner path/to/filename.rb
```

你可以將這個用法利用在 shebang 裡：

```
#!/usr/bin/env rails runner
Product.all.each { |p| p.price *= 2 ; p.save! }
```

8-1-2 Rake 指令

❖ rake about

輸出 Rails 使用的所有框架的版本以及其環境資訊。

❖ rake assets:clean[keep]

刪除舊的 assets。

❖ rake assets:clobber

刪除所有 assets。

❖ rake assets:environment

載入 assets 編譯環境。

❖ rake assets:precompile

根據 config.assets.precompile 設定的內容，編譯 assets 到 public/assets/ 目錄。

❖ rake cache_digests:dependencies

輸出一層的樣板的快取相依關係，例：

```
$ rake cache_digests:dependencies TEMPLATE=projects/show
[
  "documents/document",
  "todolists/todolist"
]
rake cache_digests:nested_dependencies
```

輸出多層的樣板的快取相依關係，例：

```
$ rake cache_digests:nested_dependencies \
TEMPLATE=projects/show
[
  {
    "documents/document": [
      "comments/comment"
    ]
  },
  {
    "todolists/todolist": [
      "comments/comment"
    ]
  }
]
```

❖ rake db:create

根據 config/database.yml 產生新的資料庫，可透過 RAILS_ENV 環境變數來指定該讀取哪個環境下的資料庫設定。若使用 db:create:all 則會產生所有環境的資料庫。

若沒有定義 RAILS_ENV，預設會產生 development、test 的資料庫。

❖ rake db:drop

刪除資料庫與 rake db:create 使用方式類似。可透過 RAILS_ENV 環境變數來指定該讀取哪個環境下的資料庫設定，使用 db:drop:all 來刪除所有環境下的資料庫。

若沒有定義 RAILS_ENV，預設會刪除 development、test 的資料庫。

❖ rake db:migrate

執行資料庫遷移，可以透過 VERSION 環境變數指定該遷移到哪個版本。

❖ rake db:migrate:status

顯示目前的遷移狀態。

❖ rake db:rollback

將資料庫回滾（遷移的反意）到上個版本，會逆執行遷移檔。可透過 STEP=n 環境變數來指定要回滾幾次。

❖ rake db:schema:cache:clear

清除 db/schema_cache.dump 檔案。

❖ rake db:schema:cache:dump

產生 db/schema_cache.dump 檔案。

Rails 在 production 環境下啟動時，會將所有的 model 載入，同時產生 schame 快取，以免重新再回到資料庫取得 schema 資訊。但對於一個擁有很多 model 的 Rails 專案，這會拖慢啟動的速度。在 Rails 4 引入了這個任務，可將 schema 快取資訊存成檔案，以節省 Rails 啟動的時間。

❖ rake db:schema:dump

產生 db/schema.rb 檔案。

❖ rake db:schema:load

載入 db/schema.rb 到資料庫。通常是一次執行他人專案時要執行的任務。

❖ rake db:seed

載入 db/seeds.rb 的資料。

❖ rake db:setup

等於 rake db:create db:schema:load db:seed。

❖ rake db:reset

等於 rake db:drop db:setup。

❖ rake db:structure:dump

產生 db/structure.sql，可以透過 DB_STRUCTURE 環境變數指定產生的目的
路徑。

❖ rake db:version

輸出當前資料庫的遷移版本。

❖ rake doc:app

根據專案中的程式碼註解產生 rdoc 文件（選項：TEMPLATE=/rdoc-template.
rb TITLE="自訂標題"）。

❖ rake log:clear

將 log/*.log 清空（變成 0 byte，不是刪除），可以用 LOGS 環境變數定義要
清空的檔案。例如 LOGS=test,development。

❖ rake middleware

輸出所有的 Rack 中介層堆疊資訊。

❖ rake notes

輸出專案中的特殊註解（OPTIMIZE、FIXME、`TODO）。

例如在專案程式碼中有以下的註解散落在各處：

```
# TODO  等待實作功能
# FIXME  這裡壞掉了
# OPTIMIZE  這邊應該要優化
```

執行該任務後可以看到它們散布的地方，用於提醒之用：

```
$ rake notes
app/controllers/pages_controller.rb:
  * [3] [TODO] 等待實作功能
app/models/book.rb:
  * [4] [FIXME] 這裡壞掉了
app/controllers/books_controller.rb:
  * [5] [OPTIMIZE] 這邊應該要優化
```

❖ rake notes:custom

顯示自訂的特殊註解（即 OPTIMIZE、FIXME、TODO 以外的特殊註解）。

例如專案中有如下註解：

```
# HELP 救我
```

執行該任務後可以找到它的位置：

```
$ rake notes:custom ANNOTATION=HELP
app/controllers/pages_controller.rb:
 * [6] 救我
```

❖ rake rails:template

與 rails -m 同樣的功能，使用 LOCATION 環境變數定義路徑或是網址。

❖ rake rails:update

在升級 rails 的時候使用。會複寫專案中所有的設定檔與執行檔，請確保你在執行之前有先用 git 做版本控制，以免臨時想要回溯到過去的設定。

也可透過 update:configs 或 update:bin 來縮小範圍。

❖ rake routes

根據 config/routes.rb 輸出網址路由，可以使用 CONTROLLER 環境變數鎖定某個 controller 以縮小顯示的範圍。

❖ rake secret

產生用以設定 config/secrets.yml 的安全密鑰，一般會被用在 cookie 中。

❖ rake stats

輸出專案的基本資訊，包括程式碼行數、controller、model 個數等資訊。

❖ rake test

等於 rake test:units, test:functionals, test:generators, test:integration。

❖ rake test:all

不重設資料庫的情況下，進行快速測試。

❖ rake test:all:db

重設資料庫，並進行快速測試。

❖ rake time:zones:all

顯示所有支援的時區，可用類似 time:zones:us 的寫法來縮小範圍。

❖ rake tmp:clear

清空 tmp/ 資料夾中所有 session、cache 與 socket 檔案。若要個別清空可以改
執行 tmp:sessions:clear、tmp:cache:clear 與 tmp:sockets:clear。

❖ rake tmp:create

在 tmp/ 資料夾中產生 session、cache、socket 與 pids 需要的資料夾。

8-2 路由

8-2-1 resources

定義 REST 風格的「資源」，可一次產生 8 個路由。

```
resources :photos
```

前綴	動詞	網址路徑	Controller#Action
photos	GET	/photos	photos#index
	POST	/photos	photos#create
new_photo	GET	/photos/new	photos#new
edit_photo	GET	/photos/:id/edit	photos#edit
photo	GET	/photos/:id	photos#show
	PATCH	/photos/:id	photos#update
	PUT	/photos/:id	photos#update
	DELETE	/photos/:id	photos#destroy

8-2-2 resource

定義獨身資源（Singleton Resource）。

```
resource :profile
```

前綴	動詞	網址路徑	Controller#Action
profile	POST	/profile	profiles#create
new_profile	GET	/profile/new	profiles#new
edit_profile	GET	/profile/edit	profiles#edit
	GET	/profile	profiles#show
	PATCH	/profile	profiles#update
	PUT	/profile	profiles#update
	DELETE	/profile	profiles#destroy

8-2-3 巢狀資源

如果資源之間有附屬關係，例如文章之下有留言、雜誌之下有廣告、會員之下有信用卡資料等，在設計這些網址時可以考慮使用巢狀資源的寫法：

```
resources :magazines do
  resources :ads
end
```

前綴	動詞	網址路徑	Controller#Action
magazine_ads	GET	/magazines/:magazine_id/ads	ads#index
	POST	/magazines/:magazine_id/ads	ads#create
new_magazine_ad	GET	/magazines/:magazine_id/ads/new	ads#new
edit_magazine_ad	GET	/magazines/:magazine_id/ads/:id/edit	ads#edit

前綴	動詞	網址路徑	Controller#Action
magazine_ad	GET	/magazines/:magazine_id/ads/:id	ads#show
	PATCH	/magazines/:magazine_id/ads/:id	ads#update
	PUT	/magazines/:magazine_id/ads/:id	ads#update
	DELETE	/magazines/:magazine_id/ads/:id	ads#destroy
magazines	GET	/magazines	magazines#index
	POST	/magazines	magazines#create
new_magazine	GET	/magazines/new	magazines#new
edit_magazine	GET	/magazines/:id/edit	magazines#edit
magazine	GET	/magazines/:id	magazines#show
	PATCH	/magazines/:id	magazines#update
	PUT	/magazines/:id	magazines#update
	DELETE	/magazines/:id	magazines#destroy

在第二層的資源（ads controller），會有 params[:id] 與 params[:magazine_id] 可以使用。

8-2-4 名稱空間

若網站的一些邏輯概念需要利用平稱空間分類時可以用此作法，例如設計後台會希望在 app/controllers/ 下新增 admin 資料夾：

```
namespace :admin do
  resources :posts
end
```

前綴	動詞	網址路徑	Controller#Action
admin_posts	GET	/admin/posts	admin/posts#index
	POST	/admin/posts	admin/posts#create
new_admin_post	GET	/admin/posts/new	admin/posts#new
edit_admin_post	GET	/admin/posts/:id/edit	admin/posts#edit
admin_post	GET	/admin/posts/:id	admin/posts#show
	PATCH	/admin/posts/:id	admin/posts#update
	PUT	/admin/posts/:id	admin/posts#update
	DELETE	/admin/posts/:id	admin/posts#destroy

8-2-5 限制資源路由

resources 與 resource 可以透過 only 與 except 控制要產生的路由：

```
resources :articles, only: [:index, :show]
```

前綴	動詞	網址路徑	Controller#Action
articles	GET	/articles	articles#index
article	GET	/articles/:id	articles#show

有時同一個資源在前台只希望給使用者瀏覽，但在後台則有編輯的頁面，那麼可以這種方式設計網址：

```
resources :articles, only: [:index, :show]
namespace :admin do
  resources :articles
end
```

8-2-6 限制參數

預設網址的 :id 部分不給 . 符號通過，你可以透過正規表達式自訂白名單：

```
resources :articles, id: /\d{3}/
# /articles/001    通過
# /articles/1234 RoutingError
# /articles/1      RoutingError
# /articles/22    RoutingError
```

8-2-7 集合與成員

當基本的 REST 風格網址滿不了需求時，例如希望追加 /photos/search 或 /photos/:id/preview 的網址路徑，可透過 collection 與 member 設定：

```
resources :photos do
  collection do
    get 'search'
  end
  member do
    get 'preview'
  end
end
```

前綴	動詞	網址路徑	Controller#Action
search_photos	GET	/photos/search	photos#search
preview_photo	GET	/photos/:id/preview	photos#preview
photos	GET	/photos	photos#index
	POST	/photos	photos#create
new_photo	GET	/photos/new	photos#new
edit_photo	GET	/photos/:id/edit	photos#edit
photo	GET	/photos/:id	photos#show
	PATCH	/photos/:id	photos#update
	PUT	/photos/:id	photos#update
	DELETE	/photos/:id	photos#destroy

博碩文化

博碩文化